自卑与超越

[奥] 阿尔弗雷德·阿德勒 著

吴勇立 译

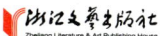

This book is dedicated to the human family in the hope that its members may learn from these pages to understand themselves better.

本书献给人类大家庭

愿这个大家庭的成员们

读过本书能更好地理解自己

Alfred Adler

目 录
CONTENTS

1 生活的意义 001
三种纽带构成的现实世界

2 心智与身体 037
知觉和行动的交互

3 自卑感与优越感 073
对两种情结寻根溯源

4 早期记忆 105
人类随身携带的提示器

5 梦 139
在梦中我们都是诗人

6 家庭的影响 177
父亲和母亲的责任

7 学校的影响 227
家庭的延伸

8 青春期 265
全新的考验与性的萌动

9 犯罪及其预防 287
合作精神的缺失

10 职业 345
早期训练与职业态度

11 个人与社会 365
个人进步与共同体进步

12 爱情与婚姻 381
维系人类发展的一种重要合作

译后记 418

阿德勒生平年谱 428

《7月14日，勒阿弗尔》 [法]杜飞 1950

1
生活的意义

在我们这个时代,
年轻人——老年人也一样——常常会失声大叫:
"什么才是生活的目的?
生活意味着什么?"

生活的意义

人类都是生活在意义的场域里。

我们所经历的事情并不是纯粹（客观）的事情，通常我们总是以事情对我们所展现的意义去经历这些事情。即便在意义的源头，我们的经历也必须通过人类的意图来加以修饰。"树木"的意思是"树木与人类的关系"，"石块"的意思是"石头可以成为人类生活中的一个要素"。如果有人试图逃避意义，而置身于单纯的环境之下，那么他将会非常不幸：他将被所有其他人孤立；他的行动无论是对于他自己还是对于任何其他人都是没有作用的；简而言之，他所有的行动都会变得没有意义。

没有哪个人能够逃避意义。我们在经历现实的时候必须借助于我们付诸现实的意义，不是在现实本身之中，而是已

《从上面看到的林荫大道》 [法]古斯塔夫·卡耶博特 1880

经被解释为某种意义的现实。因此，如果我们联想到这样的意义或多或少是未被完成的、不完整的，甚至想到意义不可能在总体上是完全准确的，这就是非常自然的事情。意义的场域就是错误的场域。

假如我们问一个人："什么是生活的意义？"

他也许难以作出回答。因为绝大多数人不愿意费尽心力去考量这个问题或者构想答案。确实，这个问题和人类的历史一样古老，在我们这个时代，年轻人——老年人也一样——常常会失声大叫："什么才是生活的目的？生活意味着什么？"然而我们要说，他们只有在遭受了挫败之后才会问这样的问题。如果一切都顺风顺水，没有任何艰难的考验摆在他们的面前，这样的疑问永远不会被提出来。每一个人正是在他自己的行动中不可避免地提出这个问题并作出回答。

假如我们既能听其言，又能观其行，我们就会发现，他有他个人的"生活的意义"，他一切的观点、态度、活动、声色、举止、抱负、习惯和性格特点都是与该意义相配合的。他的表现就像是对生活的某种解说的回应。在他的全部行动中，一定贯穿了一条含蓄的线索，该线索综合总结了这个世界和他本人；一定有这样的一条定论："我就是这么一回事，世界万物是那么一回事。"这就是他赋予自己的意义，也是他赋予生活的意义。

有多少个人，就有多少种意义被赋予生活，然而正如我们前面所提到的，很有可能每一种意义都或多或少地包含了错误。没有人拥有绝对的生活意义，我们可以说任何一种为人所用的意义都不是绝对错误的，所有意义都是这两个极端之间的变种。在这些变种之中，我们可以区分出哪些对问题回答得好一些，哪些回答得差一些，哪些变种里的错误小，哪些变种里的错误大。我们还能够发现相对较好的意义共性何在，相对较差的意义缺失在何处。这样我们就可以得出一种科学的"生活意义"，得出一种对真实意义的普遍衡量尺度，也得出一种能够使我们在人类所有的事务上应对现实的意义。

在这里我们必须再次提醒自己，"真实"的意思是对于人类的真实，对于人类的意图和目的的真实。除此之外，并没有别样的真理。即便存在着别样的真理，也跟我们没有关系，我们无从了解它，因此它是没有意义的。

每一个人身上都存在着三种主要纽带，这三种纽带是他必须予以考虑的。也就是这三种纽带构成了他的现实世界。他所面临的所有问题也就存在于这些纽带的方向之中。他必须持续不断地回答这些问题，因为这些问题持续不断地向他发问，而他给出的答案将会向我们显示出他对于生活意义的个人观念。

第一种纽带就是：我们都生活在这个贫瘠的星球——地球的表面上，而不是在别处。我们必须在这样的限制之下、在我们所居住的家园给我们设置的诸种条件之下谋求发展。不管是在灵魂深处还是肉身之上,我们都一样要谋求发展,这样我们才能维持我们在大地上的个人生活,也只有这样,我们才能保障人类这个生物种族的子嗣绵延不绝。而这样一个问题拷问着每一个人,使其索求答案,没有哪一个人能够回避。不管我们做什么,我们的行动都是对人类生活处境的独特回答:这些回答显示了我们脑海里所认为的必然之物、适宜之事、可能之状,以及心仪之想。每一个回答无不受制于这样一个事实的条件,即:我们是人类的一份子,而人类是寄居在这个星球上的生物。

假如我们考虑到人身自有的短处,以及我们所置身其中的环境的不安全性,我们就能发现,为了我们自己生活的缘故,为了人类的福祉,我们不得不千方百计地把各种回答归为一统,使得它们具有远见卓识和条理分明的特点。就好比我们现在面临一道数学题目,就要想办法找到解决之道。我们当然不能靠着随机抽取的方法或者连蒙带猜去解决问题,我们必须持之以恒地求解,动用我们所拥有的全部权能。

我们不可能找到一个绝对完美的答案,一个放之四海而皆准的答案,然而,我们必须竭尽全力地找到一个近似的答案。我们只要努力,总能找到一个更好的答案,而且这样的答案必然与这样一个事实直接匹配,即:我们被紧紧地维系在这个星球——地球的表面上,紧紧地维系着我们的处境所带给我们的一切便利和不便。

现在我们来看看第二条纽带。我们并不是人类这个族群的唯一成员，我们的周围还有许多其他人，我们生活在与他们千丝万缕的联系之中。作为一个个体的人，他的短处和他的局限使得他在孤单的状态下没有可能实现他自己的目的。

假如他总是孤独一人，还总想着凭一己之力去解决他所遇见的困难，他的结局就只能是自取灭亡。他总是和别人处于联系的状态中，他之所以和别人发生着联系是因为他自己的短处、不足和局限。为了实现他自己的幸福，也为了成全人类的福祉，团结就是跨出的最大一步。

因此，对生活问题的每一种回答必须考虑到这一条纽带，那就是它必须是本着这样一个事实的回答：我们生活在一个彼此联系的群体之中，倘若我们孤身一人就一定会走向灭亡。既然我们要生存下去，我们的情感就必须与这一最大的问题、最大的意图和目标相适应——该意图和目标就是：

在这个我们所寄居的星球上，
与我们的同伴携手合作来维持我们的个人生活，
也是维持人类的生活。

《舞蹈（Ⅱ）》 [法]亨利·马蒂斯 1910

接下来是维系我们的第三条纽带：人类分为两种性别。个人生活和共同生活的保持都必须考虑到这样的事实。人类因为有两种性别的存在而得以繁衍，要保存个体的生命以及共同的生命就必须考虑到这一点。爱情和婚姻的问题都隶属于这第三条纽带。没有哪个男人或女人可以逃避回答这个问题。当一个人面对此问题的时候，无论他怎样做，都是他的回答。如何解答这个问题，可以有很多的方案：人们的行动无一不显示出这个问题对于他们而言唯一可解的答案在他们心目中所形成的观念。因此，这三条纽带设置了三个问题：如何寻找一项职业，使得我们能够在我们这个星球的自然环境所设置的种种限制之下存活下去；如何在我们的伙伴之中找到自己的位置，从而达成合作，并能够分享合作带来的益处；如何适应人类分为两性的事实，以及人类这个种族的持存和发展都依赖于我们有爱的生活这一事实。

个体心理学发现，生活中没有哪一个问题不能归类到这三大主要问题之中：职业问题、社交问题和两性问题。每一个人对这三大问题的反应都准确无误地显示了他自己对生活意义的深层次的感知。举个例子，我们假定有这么一个人，他的情感生活是不完整的，他在职业上不作任何努力，又几乎没有什么朋友，并且觉得与周边的人相处充满了麻烦，从他在生活中所遭受的诸多局限与约束来看，我们就能推断他会觉得活在世上真是一件困难而又危险的事，在生活中他享受不到什么机遇，却只是一味地遭遇挫败。他那狭隘的行动领域可以被解读成这样一个判断："生活的意义就是——保护我自己不受伤害，把我自己紧紧包裹起来，安全地逃避一切社会交往。"反过来，我们再假定有这样一个人，他的情感生活是甜蜜的，和配偶在很多事情上都能达成亲密的合作，他在工作上建树很多，成就不凡，他的朋友很多，人脉极其宽广丰富。对这样一个人我们可以推断，他会把生活理解成一种创造性的活动，充满了各种机遇，不会出现无以挽回损失的挫败。他对生活中的所有问题满怀了正面应对的勇气，我们可以把该勇气解读为这样的一种判断："生活的意义就是——热情地关怀我的伙伴，成为整体中的一个成员，将我的享有之物奉献给人类的福祉。"

在这里，所有错误的"生活意义"的共同尺度，和所有正确的"生活意义"的共同尺度都在我们面前昭然若揭了。一切的失败人士——神经症患者、精神病人、罪犯、酗酒者、问题少年、自杀者、心理变态者以及妓女——之所以活得失败就因为他们缺少那种同气连枝的感觉，也缺少社交兴趣。他们在对职业、友谊和两性问题的处理中，完全不具备通过协作去解决问题的自信。他们赋予生活的意义是一种私人的意义：没有人能从达成他们的成就目标之中获得益处，他们的兴趣局限于他们个人本身。他们的成功目标建立在一种纯粹假想的个人优越感的基础之上，他们的成功也只对他们自己才有意义。曾经有杀人犯承认过，在他们手中握有一瓶毒药的时候他们就获得了一种强大的感觉，但是很显然，他们所确认的重要性也只是对他们自己而言；对于我们而言，掌握一瓶毒药好像并不能赋予他们超越于众的价值。实际上，私人的意义根本就是没有意义。意义只有在群体交流之中才可能存在：假如一个单词的含义只对一个人有效，那么该单词就是没有意义的。我们的目标和行动同样如此，它们的意义就是它们在其他人眼中的意义。每一个人都在努力让自己出人头地，但是人们往往会犯这样一个错误：他们没有看到，他们出人头地的整个意义必须被包含于他们对他人生活的贡献之中。

接下来讲一则关于某个小型教派教主的轶事。有一天，这位教主把她的信众叫到一块，宣称下个星期三就是世界末日。信众们大为惊恐，纷纷变卖他们的财产，抛下了所有的世俗牵挂。在高度紧张的情绪中等候预期中灾难的降临。星期三过去了，然而什么事也没有发生。星期四这天他们聚拢在一起请教主给出解释。他们说："请您看看我们现在的处境有多糟糕，我们抛弃了所有的财产。我们遇见一个人就跟他说周三是世界末日，他们听了这话只顾笑话我们，但我们没有气短，反反复复说这个消息是我们从一位非常可靠的权威先知那里听来的。现在星期三过去了，我们还是好好地生活在世界上。"

那位女先知说："**我的星期三不是你们理解的星期三。**"也就是说，她是在用私人的话语意义来应付挑战，保护自己的权威。然而私人的意义从来都是经不起检验的。

一切真正的"生活意义"都是有标准的，其标准就是：它们都是共同的意义。即是说，都是其他所有人共同理解的意义，以及所有其他人都认可为合理的意义。能够解决生活问题的一个良方应该同样能够为他人扫清道路,因为在这个良方里面我们总会看到共同的问题是怎样以一种成功的方式得以解决的。甚至是天才也可以用"有用性"的尺度来定义——一种顶级的"有用性",只有当众人认定某个人对他们具有不凡的意义之时,我们才把这个人称作是天才。这样一种人生的意义因此就可以表达为"生活意义就是向全体作出贡献"。

我们在这里不谈论那些口头说说的动机。我们不听人们怎么说,而只看实际做出的成就。一个圆满地解决了人生问题的人,他行动起来就好像他充分地、本能地意识到生活的意义在于对他人发生兴趣,对合作发生兴趣。他对自己的伙伴所怀有的兴趣似乎引导着他所做的一切;在他碰到困难的时候,他总是采用与人类共同福利相一致的手段去克服困难。

对于很多人来说,这或许是一个新的观点,他们很可能怀疑我们所给予生活的意义是否真的是贡献,真的是对他人发生兴趣,真的是对合作发生兴趣。他们会问:"如此会将个人置于何地?如果他总是考虑着其他人,总是以他们的利益为重,难道他自己的利益就不会受损?至少对于某些个体来说,是不必这么做的,如果他们还想着正常地自我发展,他们就应该考虑他们自己。难道我们之中没有人需要首先学会保全我们自己的利益,强化我们自己的个性?"我认为,这个看法大错特错,它所提出的问题也是一个伪问题。

假如一个人希望在他所赋予生活的意义上作出一番奉献

的事业,并且假如他的情感全都指向了这一目标,他必定会以最饱满的状态投身于这项事业。他会为了该目标调整自己,他会训练自己的社会情感,他也会从实践当中获取技能。目标一旦确定,训练机制就随之启动。于是,他就开始为了解决人生三大问题积极准备,并培养自己的能力。

让我们举一个爱情和婚姻的例子。假如我们钟情于自己的伙伴,假如我们努力要让对方过上愉快而富足的生活,我们理所当然会竭尽所能,全力以赴。如果我们认为自己无需建立起一个为之奋斗的奉献事业目标,只要在真空中开发个性,我们就只会让自己变得泛滥无归,令人生厌。

我们还可以从另一条线索中得出这条启示:**不断的奉献才是真正的人生意义**。今天,我们认真环顾一下祖先留给我们的遗产,我们看到了什么?一切留存至今的东西无一不是他们对人类生活的贡献。我们看到了开垦过的土地,我们看到了铁路和建筑物,我们还看到了他们在生活经验领域的种种交流成果,这些交流成果体现为传统、哲学、科学、艺术,以及事关我们人类生存状况的诸多技术。凡此种种,哪一样不是为了人类福祉而作出贡献的人所留下的杰作?其他的人又怎么样了呢?那些从来不参与协作的人,那些给予生活另一种意义的人,那些只会问"生活能给我什么"的人,他们又怎么样了呢?他们在自己的身后没有留下任何痕迹。不光是他们的肉身消亡了,他们的整个生命都是贫瘠的。

仿佛我们的大地母亲对他们开口说话，她说的是："我们不需要你。你不配拥有生命。你制定的目标，你作出的奋斗，你所珍视的价值，还有你的精神和灵魂都没有未来。你走得远远的吧！没有谁需要你。你这样的人就该被淘汰，彻底消失！"

至于那些将协作、贡献之外的意义赋予生活的人，最后的判词就是："你是无用之人。没有人需要你。你走吧！"在我们当代的文化现象之中，确实能发现不少不尽如人意之事。但凡我们发现有偏颇之处就应当去改变它，但这种改变应当能够更好地推进人类的福祉。

一直以来，懂得这一事理的不乏其人，他们明白生命之意义在于关怀众生的利益，他们也总是能够开发社会的兴趣和对他人的关爱。在所有的宗教之中，我们都能发现这种对人类救赎的关怀。回顾世界上所有伟大的运动，运动中的人们都是在努力提升社会福利，而宗教正是这种为众生谋福利的最伟大的表现形式之一。可惜的是，宗教常常被人误解，如果不能对寻常的宗教任务加以更为仔细深入的考察，很难看出除了它们表面上在做的事情之外，宗教还能做些什么。个体心理学走的是科学之路，采用了一种科学的技术手段，得出了相同的结论。我相信，这已经是向前迈出了一大步。也许科学帮助人们提升对周边伙伴的关怀，以及对全人类福祉的关怀，这样就能比其他运动，比如政治或宗教运动更接近我们的目标。我们从不一样的视角来处理这个问题，但是目标还是一致的，那就是为他人谋取更大的利益。

我们赋予生活的意义好像是我们事业里的守护神或索命精灵，既如此，弄明白这些意义是怎样形成的，它们是如何彼此不同，当它们被严重的错误所干扰的时候又是怎样得以纠正的，这个工作的意义就再重要不过了。这是心理学的职分所在：把对意义的理解运用于谋求人类的福祉，并且努力去影响人类的行为和人类的命运，这与生理学或生物学显然是截然不同的。小孩子从出生的第一天开始，我们就能发现他在黑暗中对"生命意义"的探索。哪怕是襁褓中的婴儿也会使劲地辨识自己有多大的力量，辨识他在周围的整个生活环境下拥有哪些东西。等孩子长到五周岁的时候，他对自己的行为模式，以及处理各种问题和做事的风格就达成了一个统一的、固定的认识。对于他能从这个世界获得什么，能从自己这里得到什么，也已经形成了一个最深入、最持久的概念。从这个时候开始，他就通过一个固定的统觉图式（scheme of apperception）[①]来观看世界：每一件事情在经历之前都已经得到了解释，而且这种解释总是与我们所赋予生活的原初意义相匹配。纵然这种意义错得夸张离谱，纵然我们解决问题和做事情的方式不断给我们带来不幸和极度的痛苦，该意义也不是能够轻易消除的。如果发现被赋予生命的意义出了错，那么纠错方法就只能是反思造成错误解释的具体状况，辨识错误并修改统觉图式。会不会有

① 虽然很多哲学巨人在西方饱受争议，但康德在西方学界一直保持着稳定的被维护的形象，我们也很难断定作者阿德勒没有受到康德的影响。apperception 在康德那里通常译作"统觉"，意思是把一些纷乱的感性印象综合起来，scheme 通常译作"图式"，所谓的"统觉图式"在康德那里的意思是在具体的认知和经验之前，已经有一个统一的结构和图式，这个意思跟书中作者想要表达的意思基本吻合，故采取此译法。

这样的可能：错误的方式所造成的后果逼迫当事人修正他赋予生活的意义，并且独立地成功做到了这种改变。或许存在这样的特例，但是一定非常罕见。

尽管如此，一个人如果不是面临着某种来自社会的压力，或者说，如果他没有认识到他所沿用的旧有的方式已经将他置于山穷水尽的境地，他是决不会主动作出调整的。在多数情况下，旧方法至多只能经由这样一种人协助修正：他们在意义的理解方面受过良好的训练，经过联合会诊，能发现原始错误，并且帮助提出一个更为合适的意义。

让我们举一个简单的例子来说明童年时代的境况能够有怎样不同的解读方式。童年时代的不愉快经历能够被解释出截然相反的意义。

假如一个人在童年时期留下诸多不愉快的记忆，他可能不愿意谈及这些记忆，除非它们能给自己的未来提供某种有益的良方。他会这么想："我们应当努力消灭这种不幸的现象，给我们的子孙后代一个更好的环境。"第二种人会认为："生活太不公平。怎么别的人都过得那么快活？既然世界这么无情地对我，我凭什么要友好地对待世界？"有些做父母的人讲到他们的孩子的时候就是这般语气："我小时候受了那么多苦，我挺过来了。凭什么他们就不需要过苦日子？"第三种人会说："我小时候那么苦，我做的一切事情都应该被原谅。"在这三种人的行为之中，他们各自对生活意义的解读都是非常清晰的；他们也不会改变自己的行为方式，除非他们改变了自己对生活的理解。也正是在这里，个体心理学突破了决定论的窠臼。从来没有哪一种现成的经验可以作为成败的因由，我们经验到的冲击——即所谓的"精神创伤"（trauma）——并不会给我们带来特别大的伤害，相反，我们是从这种体验中提取有利于我们意图的元素。在将意义赋予我们的经验的时候，我们是自己说了算的，甚而可以说，在我们将某些特别的经验作为观照我们未来生活的基础的时候，总会受到某个错误的干扰。意义并不是由外部情状所决定的，而是我们在给外部情状赋予了意义之后，这些意义左右了我们的行动方向和选择。

童年时代的某些情状会经常让人们提炼出错误的意义，而且错误得非常严重，绝大多数的挫败都是孩子们处在这些情状之下发生的。首先我们要考虑的是那些身体器官有残缺的孩子，或者在婴幼儿阶段就遭受某种疾病或虚弱症状的孩子。这样的孩子负担很重，对他们来说，要认识到生命的意义在于奉献是非常困难的事，除非他们的身旁有一个人能够经常性地开导他们，把他们的注意力从自身引开，更多地去关怀他人，不然他们的主要精力只会局限在自己的感觉之中。久而久之，他们会因为自己比不上周边的人而沮丧泄气。在我们当下的文明世界里，甚至这些孩子还会由于伙伴们的同情、嘲笑或回避而强化他们的自卑感。就是这样的外部环境养成了他们孤僻内向的性格，使他们感到无望在共同的社会生活中扮演一个有用的角色，同时还觉得整个世界都在羞辱自己。

我猜测，我大概是研究生理有缺陷，或者内分泌紊乱的孩子所面临的困扰的第一人。这个学科领域已经取得了异乎寻常的进展，但是其发展方向我却实在难以苟同。从一开始我就致力于寻找克服这些症结的方法，而不是把责任简单地归咎于遗传上的缺陷或者身体条件了事。没有哪一种生理缺陷会必然形成错误的生活方式，我们也从未发现过两个具有同样内分泌问题的儿童有同样的不良反应。相反，我们倒是常常能看到小朋友们克服这些困难，并且通过克服困难还开发出了不同寻常的、非常有用的才能。

如此看来，个体心理学并不会为主张优生选择的观点摇旗呐喊。大量出类拔萃的优秀人物——为我们的文化做出过卓越贡献的人物，刚开始都是有生理缺陷的，他们的健康状况往往欠佳，不少人还英年早逝。恰恰主要就是这批人跟各种困难——身体内部的困难，以及外部环境的困难——作不屈不挠的斗争，才成全了进步和新的贡献。斗争使他们成为强者，也帮助他们走得更远。仅从体质来看我们还难以判断他们智力发展的优劣。迄今为止，绝大多数有生理缺陷或者有内分泌问题的小孩没有接受过正确方向的引导，他们的困难没有得到真正的理解，他们都只知道关注自己。我们之所以能从幼年时期因生理缺陷而背负了重重压力的孩子们那里发现这么多失败的案例，其原因正在于此。

第二种经常造成人们给生活赋予错误意义的情状就是对孩子过分溺爱。被宠坏了的孩子习惯了别人把他的意愿当作法令一样对待。他没有经任何努力就得到了他本不配拥有的荣宠，于是他就心安理得地觉得，他所受到的荣宠是他生下来就该得到的。结果怎样呢？当这个孩子某天来到一个不再以他为关注中心的环境里，当其他人都不再把考虑他的感受当作他们的主要活动目的的时候，他就会惊惶不知所措了：他感到他的世界辜负了他。他习惯了一味地索取，而不知道付出。他从没有学过应对问题的方法。周围的人一直以来对他那么顺从，于是他失去了自己的独立性，不知道他是可以为自己做事的。他的兴趣就只是专注于自己一个人，竟然一点都不了解团队协作的益处和必要性。碰到困难的时候，他只有一个办法——向别人求助。他好像觉得自己还能重新赢得荣宠的地位，他还能迫使别人认识到他是一个特殊人物，他想要什么就该奉献给他，他时时刻刻想的只是事情自动地好转。

这些从小骄纵的孩子长大成人以后很可能成为我们生活共同体之中最危险的分子。他们之中有的人会出于善意提出强烈的抗议，有的人还会变得十分"乖巧"以期获得为所欲为的机会。但是他们作为普通的个人，在我们的寻常事务问题上会拒绝协作。还有一些人，他们的反抗行为表现得更加公开：一旦他们发现，他们习以为常的奉迎讨好和低眉顺眼消失不见时，他们就有一种被出卖的感觉，他们感到社会对他们充满了敌意，于是想尽办法去报复他人。假如社会对他们的生活方式表现出敌意（这几乎是不用怀疑的必然结果），他们就会把这种敌对的态度当作他们的人身受到虐待的新证据。这就是为什么惩罚不能起到作用的原因所在。他们认准了一个看法，"所有人都跟我过不去。"被宠坏的孩子不管是持续地闹情绪还是公开地对抗，不管他们是听任弱点支配自己，还是用暴力施行报复，他们实际上都是在犯同样的错误。我们发现有一种人在不同的时候这两种方法都要尝试。而他们的目标却是固定不变的。他们觉得，"生活的意义，首要的就在于被大家当作最重要的人，我要得到我想要的一切"。于是只要他们持续不断地把这种意义赋予生活，不管他们采用何种方法都是错误的。

第三种容易出现意义错误的情状是发生在被忽视的孩子们身上。这样的孩子从来不知道爱和团队协作是怎么回事。他所阐释的人生意义没有包括这些友谊的力量。我们能够想到，当这样的人面临生活的困难时，他会高估困难而低估在他人的帮助和善意之下自己战胜困难的能力。此前他发觉社会对他是冷漠的，于是在他的想象中社会永远向他展示冷漠无情的一面。尤其严重的是，他无法看到自己能够做出有利于他人的举动来赢得人们的喜爱和尊敬。因此他就怀疑他人也不信任自己。在实际生活中没有经验能够代替淡漠的感情，母亲的第一项任务就是引导她的孩子体验一种信任感，对另一个人的绝对信赖；接下去她就会把这种信任感的范围加以拓宽放大，最后把孩子的整个环境都容纳其中。如果这项任务——也就是赢得孩子的兴趣、喜爱和协作精神的任务——失败，那就意味着发展孩子的社会关怀和小伙伴们之间的亲密感觉将会变得极其困难。每一个人都具有关怀他人的能力，但是这种能力是需要培养和训练的，不然其发展就会夭折。

如果真的有这样一种典型的纯粹被忽视、被讨厌、被嫌弃的孩子，我们就应该能观察到这孩子对于团结协作的存在是完全没有认知的。他孤僻怕生，没有能力与其他人沟通，对于能够帮助他与人们和谐共存的事物是彻底淡漠的。

《拿着花瓶的小海伦》 ［波兰］斯坦尼斯拉夫·维斯皮安斯基 1902

但是,正如前文所述,在这种环境下生活的个人肯定是不能长久的。孩子都经历过婴幼儿的阶段,这样一个事实证明了他曾经受到过某种照顾和关怀。

因此我们其实从未接触过纯粹的被人忽视的孩子:我们所接触的只是所受关照比常人少的孩子,或者在某些方面受到的关注程度少,而不是在其他方面都被忽视。简而言之,我们只能说被忽视的孩子是这样一种孩子,他尚未找到一个他能够完全信赖的他者。生活中竟有这么多的失败者,他们是孤儿或私生子出身,并且,我们还把孤儿和私生子从整体上划归为被忽视的儿童,这对于我们的文明世界不啻于一种非常悲哀的评判。

这样的三种情况——生理缺陷、骄纵溺爱、被忽视——都是对个人赋予生活的错误意义所提出的很大质疑。 这几种情况下的问题儿童如果愿意修正他们处理问题的方法,那是一定需要外人帮助的。他们必须在别人的帮助下掌握一种更好的方法或手段。如果我们留神关注他们的举止——就是说,如果我们对他们有一种真正的关怀,并且在这个方向上接受过专业训练——我们将能看出他们在自己所做的全部事情中所理解的意义。做梦、想象其实是有很大用处的：一个人的人格在做梦状态和清醒状态下的表现是一样的，但是在梦中，来自社会要求的压力明显要减轻很多，防卫监护和隐瞒机制的保护功能也大为削弱，这时候的人格会暴露得更为彻底。

我们能给予这些问题孩子的最大帮助是什么呢？就是通过该儿童的回忆，迅速了解他对他自己，以及对生活赋予的意义。每一个记忆片段，不管通过他的叙说显得多么琐碎杂乱，在他看来都是值得记取的。之所以值得记取，是因为该记忆片段与生活的关联正符合他所想象的构图。这些记忆片段告诉他："这就是你想要的"，或"这是你必须避开的"，再或者"生活竟然是这个样子！"我们必须再次重申，经验本身之所以重要，并不是因为记忆偏偏选择了这段经历保存下来，而是因为该经验将当事人赋予生活的意义明确化了，于是每一段记忆就都成了一件纪念物。

对于揭示个体对于生活的独特理解的持久度，还原此人初次固化其生活态度的具体环境，儿童时代的早期记忆有着特别重要的作用。早期记忆之所以有这么显著的重要意义，原因有二。

其一：当事者最基本的评判依据和他的生活情状都包含在这种记忆里，这也是他第一次综合的亮相，是他个人或完整或不完整的符号，以及他对自己所提出的要求。

其二：这些记忆是他主体世界开始的地方，是他为自己制作自传的起点。因此，在这种记忆之中，我们时常能发现他所感到自己身上的弱点、不足与他理想中认定的强大与安全的目的之间的比对。对于心理学的研究意图来说，个体回忆者回忆出来的事件是否真的是他能想起来的第一个事件，甚至，是不是对一个真实发生的事件的回忆都是无关紧要的。回忆的重要性仅仅就在于它们是"被看作"，在于对它们的解释以及它们对于当下和未来生活的关联。

我们举几个关于早期记忆的案例，来看看它们形成了怎样固定的"生活意义"。"咖啡壶从桌上掉下来，烫伤了我。"生活竟然是这个样子！一个小女孩的自传是以这种方式开始的，她的脑海里一直被一种无助感和过高估计的生活中的危险和困难缠绕着，看到这些，我们无需惊讶。假如她在心底里责怪人们没有足够地关爱她，我们也无需惊讶。某人曾经非常粗心地把一个小孩子暴露在这样一个危险的地方！

另一则早期记忆也呈现出了类似的世界图景："在我三岁那年，我记得我从童车里面掉落了下来。"伴随着这则早期记忆的是一个不断重复的梦，"世界末日正在来临，我从半夜中醒来，发现天空被大火照得明亮而通红。星星在纷纷地坠落，地球跟另一颗行星相撞。就在撞击之前的短短一刻，我被惊醒了。"有人问这位学生是不是特别害怕什么事情，他回答说：

"我害怕我这一生无所作为。"

很显然他的这则早期记忆和反复出现的梦境就相当于他人生之中的挫败，证明了他心底里畏惧失败和灾难。

一个十二岁的男孩被带来问诊，他的症状是遗尿，并且和他母亲冲突不断，他是这样诉说自己的早期记忆的："妈妈以为我走失了，她慌得六神无主，跑到大街上拼命呼喊我的名字。其实整个那段时间我都是藏在家中的橱柜里。"从这则记忆中我们可以读出这样的判断："生活的意义——就在于用制造麻烦的方法来引起他人的注意。要获得安全感，使用欺诈之术是必须的。别人尽管冷落我吧，但我也可以愚弄他们。"他的遗尿其实是一种手段，能够有效地帮助他成为别人关注和操劳的焦点，经过他的生活意义的解读，他的母亲为他所表现出来的焦虑和不安越发证明他是对的。而在前一则案例中，那位男孩早早地获得一种印象：**外部的世界充满了危险，只有其他人都在为他担心的时候，他才是安全的**。也只有通过如此方式他才感到踏实：在他有所需求的时候，就会有人出来保护他。

一位三十五岁的妇女口述的早期回忆是这

样的:"那时候我三岁,我走到地窖里去。黑暗中我踩在楼梯上,正在这时候,比我稍大一点的表兄打开了门,从我背后跟了过来。我非常害怕他。"从这则记忆我们可以推断她极有可能不习惯跟其他孩子玩耍,在跟异性相处时她尤其不安。我们猜测她是个独生孩子,结果证明猜对了,并且她三十五岁的年纪还是未婚。

下面这句早期回忆的话语表现出了发育程度较高的社会情感:"我记得我妈妈让我推婴儿车,妹妹就睡在车里面。"在这个案例中,我们大概能发现这样的暗示:只有在和更弱的人在一起才有放松感,或许他对母亲还有些许的依赖感。当一个婴儿刚刚降生的时候,如果有机会获得年长一点的孩子们的合作照顾,如果做长辈的能激发孩子们对新生儿的爱心,允许他们分担照顾婴幼儿的责任,这样的举措从来都是让孩子获得协作能力的最佳途径。如果孩子们习得了协作的能力,他们就不会把父母对婴儿的关注视为自己存在地位的降低。

仅仅是想要和众人在一起的强烈愿望,还不能被解读为关爱他人的证明。有一次我们问及一个女孩的早期记忆,她是这样说的:"我那时和我的姐姐以及另外两个女孩一起玩。"我们可以确定这个孩子自小被教育要合群,但是当她说到自己最大的恐惧时,我们对她的努力方向又获得了新的认知,她是这样说的:"我非常害怕被撇下,只剩我一个人。"因此我们看到的是一个缺乏独立性的信号。

一旦发现并理解了某人赋予生活的意义,我们就等于掌握了此人整个人格的键钥。人们常喜欢说一个人的性格是改变不了的,但是这种情况之所以能够成立,只是因为不曾掌握针对这种状况的正确键钥。如前所见,如果不能发现错误的起源,任何辩论或治疗都是不会有效的。纠治错误只有唯一的办法,那就是培养更具合作精神、更有勇气的生活态度。团结合作是我们用来阻止神经质倾向进一步加剧的唯一防护手段。

因此,针对孩子们在团结合作方面的训练和鼓励具有无与伦比的重要意义。孩子在和同龄伙伴们共同玩耍或执行共同的任务时,应当许可他找到适合他自己的道路。对团结合作的任何破坏行为都会引起最为严重的后果。比如,被骄纵溺爱的孩子只知道关注自己,对他人缺少关爱的缺点将会被他一起带进学校。一般情况下他不会对功课感兴趣,除非他认为他有能力赢得老师的好感,他也只会在认为事情对他有利的时候,才倾听别人的话。当他一天天长大,接近成年之时,他在社交方面的缺失所包含的隐患会越发明显地暴露出来。他最早的错误发生的时候,就没有培养自己的责任心和独立性，那么此时他必须痛苦地面对这样的事实：他的心智发育远欠成熟，根本经受不起生活中的任何一桩考验。

我们现在还不能把这些错误的责任全都归到孩子的头上：我们只能在孩子开始意识到后果的时候，帮助他改正错误。一个从来没有进过地理课堂的孩子，我们怎么能够指望他在这门课的考试中取得好成绩呢？同样地，一个从来没有受过合作训练的孩子，当他面临着只有在合作能力方面训练有素的人方能完成的任务的时候，我们又怎能指望他拿出一份正确的答案呢？其实生活中每一个问题的解决无不以合作能力为前提，每一项任务都必须在人类社会的框架之内得以完成，也必须行进在推动我们全人类的福祉的道路上才能完成。一个人，只有当他明白了生活的意义在于奉献，他才能够满怀勇气去应对生活中的困难，也才能够在与困难的战斗中胜券在握。

如果教师、家长和心理学家们都认识到，被赋予的生活的意义很可能是错误的，既然孩子们不可能自行犯下同样的错误，我们就有充分的把握说，曾经缺乏社会关怀的孩子能够逐渐培养出一种更好的感知能力——感知自己的才干，感知未来生活的机会。当他们遇到困难障碍之时，他们不会停止努力，不会找一条省事的途径寻求退缩，不会临阵逃避，不会把责任推诿给别人，不会向别人索取温柔的对待和特殊的关照，不会动不动就感到被羞辱冒犯，或想着报复他人，

《航行》 [美]爱德华·霍珀 1911

他们不会问:"生活有什么用?生活能给我什么?"他们会说:

"

我们要自己成全自己的生活,

这是我们的使命,

我们有能力过好生活。

我们是自己的行动的主人。

如果要采取新的行动,

如果要抛弃旧的事物,

那么这样的任务非我们自己莫属。

"

假如以这样的方式对待生活,即以一个独立的个人、与他人合作的方式,我们将看到人类社会的进步前景将是无可限量的。

2

心智与身体

Mind and Body

《画室里的模特》 [法]安德烈·洛特 1930

我们付出的所有努力都指向了一种安全感——
我们感到克服了生活中的所有困难，
最终可以保持着和周围整个世界的正常关系，
从容又安然。

心智与身体

究竟是心智宰制了身体,还是身体宰制了心智,一直以来是人们争论不休的话题。哲学家们也加入了争议的大军,各自占据了这一个或另一个立场,他们或自称是唯心主义者,或自称是唯物主义者,他们各自拿出了数以千万计的论证,然而问题似乎还是没有得到解决,依然在困扰着人类。个体心理学或许能为这个问题的解答提供一点有用的帮助,因为在个体心理学之中我们将直接面对心智与身体之间活跃的互动。在这里我们要诊治某一个病人,诊治他的心智和身体,如果我们的治疗方案建立在一个错误的基础上,我们将无法帮助他。我们的理论明确地立足于实践,而且理论也必须明确地经受住实践的检测。能否得到正确的观点,对我们构成了一个最强大的挑战。

个体心理学的研究成果解决了这一问题当中的许多麻烦。该问题不再是一个平面的"非此即彼"命题。我们看到心智和身体都是生命的表达：它们都从属于整个的生命。这样我们就把这两者理解为建立在整体基础上的互动关系。人的生命是以一种运动方式存在的，对于人来说仅仅发育他的身体是不够的。植物是一种根植的生命：它停留在一个地方不能移动。因此假如发现一株植物有自己的心智，或者至少说，植物拥有我们能够理解的任何官能的心智，都将是非常令人讶异的事情。即便一株植物能够预见或者投射某些前因后果，这种机能对它来说也是毫无用处的。假定一株植物拥有思想能力："有个人走过来了。一分钟之后，他会踩到我头上来，我会在他的脚下丧生吗？"诸如此类的思想能力对这株植物有什么好处？它依然不能挪动地方。

可是，一切有运动能力的生物都能够预见或者判断自己运动的方向，这个事实就决定了此类生物必然拥有心智或者灵魂。

> "知觉，当然你必定是有的，
> 否则你就不会有行动。"[①]

[①]《哈姆雷特》第三幕，第四场。剧中哈姆雷特谴责他的母亲空有健全的身体和灵魂却不能分辨贤愚，她高贵的国王丈夫被他的兄弟所害，王后不知道为夫君复仇，反而失身嫁给了这个行为卑鄙、灵魂肮脏的小叔子。

《地平线的奥秘》 [比利时] 勒内·马格利特 1955

这种预判运动方向的能力，就是心智的核心工作要务。明白了这一点，我们立刻就可以理解心智是怎样支配身体的——它给身体的行动设置了目标。仅仅是从这一刻到下一刻发布漫无目的的行动指令是远远不够的：人的种种奋进行动必须朝向一个目标。既然心智的职能是给运动的方向设置一个定点，那么它就在人的生命之中占据了一个支配性的地位。

与此同时，身体也影响着心智，因为被移动的毕竟是身体。心智要想移动身体，必须满足一个前提，那就是：心智与身体所具有的可能性保持同步一致，并且与身体能够被训练、被开发的可能性也保持同步一致。举例来说，心智希望身体到月球上去活动，这个愿望必定落空，除非开发了必要的科学技术能够突破身体所受的限制。

人类在运动方面的复杂和频繁程度,是其他任何物种都无法比拟的。不光是运动的种类繁杂多样——只需看看人手能从事多少种复杂的操作活动,就可见一斑了——而且人类还有能力通过他们的运动改变其周围的环境。因此,我们有理由要求最大限度地开发人们心智所具有的预见能力,也有理由要求人们在充分考虑自己的整个生存状况、为了改善自己的处境而努力奋进之时,必须毫不含糊地显明自己的奋斗意图。

在每一个人的身上我们都可以看到,他可能会表现出很多种局部特性的活动,这些活动分别指向了若干局部的目标。但在这种种局部特性活动的背后,往往隐藏了一个独一无二的、统摄一切的活动。我们付出的所有努力都指向了一种安全感——我们感到克服了生活中的所有困难,最终可以保持着和周围整个世界的正常关系,从容又安然。带着这样的意图,所有的运动和表达都必须放在一起进行协调考察,最终形成一个有机的整体:心智受到一种强大力量的推动向前发展,仿佛要达成某个理想的终极目标。身体也是如此,也在努力地奔向一个整体,向着胚胎形成之前就已有的理想目标奋进。比如说,一个人的皮肤上出现了破损,那么他整个身体就都动员起来努力使这个损伤愈合,恢复到原先的整体。不过,在发挥潜能的运动之中,身体并不是孤军奋战,心智常常会为之助战。通常情况下,人为的身体活动、训练,以及卫生学,它们的价值都得到了验证,它们都是身体在朝着自己的终极目标奋进时来自心智的帮助。

从生命诞生的第一天起,一直到生命结束,成长和发展的伙伴关系就始终持续着,从未中断。身体和心智也是作为一个整体的不可分离的部分密切合作着。心智就像一台发动机,带动着它在身体里发现的所有潜能向前运动,帮助身体到达安全地带,并且征服所有的困难。在身体的每一个活动之中,每一个表现,每一个症候之中,我们都可以看到来自心智意图的影响。一个人在活动的时候,他的活动之中必定隐含着意义。他会转动他的眼睛,动用他的舌头,抽动他的面部肌肉。他的面容上有表情、有意义。意义是如何传递到面容上的呢?这个过程依靠的就是心智。现在我们可以开始考察心理学,或者说心智科学到底处理的是什么问题。心理学的任务就是研究个人表达出来的所有语言里的意义,从而发现能够实现他的目标的键钥,并且将他的目标与其他人的目标进行比对。

在追求安全感这一最终目标的过程中,心智总是要面对着若干回避不了的任务,那就是要将该目标变得具体,要想到"达到这个特别的方位点才能安全,而要达到这个方位点就只能沿着那个特别的方向行进"。理所当然地,在这个地方犯错误的机会出现了,不过,如果没有一个明确的目标,没有事先设定好方向,就根本不可能产生任何行动。

《波西斯风景》[比利时]勒内·马格利特 1966

他会转动他的**眼睛**,
动用他的**舌头**,
抽动他的**面部肌肉**。
他的面容上**有表情**、
有意义。

比如，我在举起我的手之前，在我的头脑中已经有了一个运动的目标。在现实世界中，头脑所选择的方向可能是灾难性的。但是之所以选择了这个方向，只是因为头脑错误地以为该方向是最有利的。所以说，所有的心理错误都是运动方向的选择错误。求安全这一目的对于所有人来说都是共同的，只不过有些人把安全的方向弄错了，并且他们在付出具体行动的时候误入了歧途。

假如我们在考察当事人的一个行为表现或者症状的时候难以断定其背后的含义，那么最好的方法就是将此对象的大体轮廓还原为一个纯粹的活动。

我们就拿偷窃行为举例。偷窃就是把属于别人的所有物占为己有。我们来分析一下此种行为的目标：其目标就是让自己摆脱贫困，并且在占有物增多的时候他才会感到更安全。因此，该活动的关键出发点就是一种贫穷感、短缺感。接下来的一步，就是要发现这个人处于一种什么样的环境，造成他倍感赤贫的具体原因是什么。最后我们就能发现：此人是否选择了正常的道路去改变他所处的种种环境条件，从而摆脱心里的那种赤贫感。此人是否将他的活动保持在正确的方向上，或者，此人是否在选择寻求安全感的方法上犯下了错误。我们无需批评他的最后目标，但是我们却能够注意到，他在将他的目标具体化的时候选择了错误的道路。

人类给自己的环境所带来的变化我们称之为"我们的文

化"，我们的文化就是我们的心智对身体发动的所有行动指令的结果。我们的劳动都是在我们心智的激发催动下形成的。我们身体的发育也受到了心智的引导和帮助。总而言之，我们不可能找到一句不含有心智意图的表达之词。

然而，过度强调心智的作用也绝不可取。在我们迎战困难的征途上，身体的健康状态是必需条件。**心智司职于营造一个良好的环境，使身体免受疾患、病痛、死亡、伤害、事故，以及生理机能失灵的损害。**我们的诸多能力——感知快乐和痛苦的能力、发挥想象力的能力、辨识周围情况是好是坏的能力，其目的都在于此。诸般感知，命令身体进入状态，以各种明确的应对方式分别应付各种情形。想象和辨识是预判的两种方式，它们的作用还不仅于此：它们能够激发起若干感应，以配合身体所要采取的行动。通过如此方式，一个人的各种感觉就能背负起表达意义的任务，而这样的意义恰恰就是他赋予生活的意义，以及他为自己的奋斗所设置的目标的意义。

虽然感知活动左右着身体，但在很大的程度上感知活动并不依赖于身体：感知总是首先依赖于人所设定的目标，依赖于由此目标而形成的生活习性。

单单是生活习性还不足以支配一个人，这一点是人所共知的。一个人的生活态度如果没得到其他力量的进一步推动，那就不会造成病症。假如要付诸行动，生活态度就一定要在感知获得方面得到强化。个体心理学观点的新颖之处在于：经我们的观察发现，感知活动与生活习性并不互相矛盾。只要设立了目标，感知活动便总能够调整自身，使自己与当下的境况相适应。因此我们已经不再只局限于生理学或生物学的领域，感知内容的增加不能够用化学理论去解释，更不能用化学检验手段去预测。在个体心理学之中，我们必须预先估计到生理学的反应，但是我们更感兴趣的是心理目标。焦虑怎样影响了交感神经或副交感神经，并不是需要我们特别关注的。我们所要追寻的是焦虑的源头和目标。

经由这样的考察之路，我们就再也不能认为焦虑是产生自性压抑了，或者说是难产所带来的后遗症结果。这种解释是不得要领的。我们知道，对于一个习惯了被母亲陪伴、帮助和关爱的孩子来说，也会表现出焦虑，且不论焦虑来源于何处，这焦虑事实上是控制他母亲的非常有效的武器。对于愤怒情绪的生理描写是不能令我们满意的，经验告诉我们，愤怒是控制一个人或一种局势的手段。那种认为身体或精神的表达都来源于遗传的物质主义观点在我们看来可以接受，然而我们的关注点还是指向了物质因素在努力追取一个确定目标过程中的表现。而这个似乎才是唯一的、真正的心理学方法。

从每一个个体身上，我们都可以看到，感知的成长和发育所遵循的方向对于达到他的人生目标起着关键性的作用，而感知能发展到何种程度，也是受到了其人生目标的制约。

他的焦虑或勇气,他的欢乐或悲哀,无不与他的生活习性相一致:它们在力量和支配程度上的比例不多不少地符合我们的估计。假如有一个人追求的是这样的目标——在悲惨程度上胜过所有人,那么以这样的方式所取得的优越感是不可能让他快乐或对自己的成就感到满意的,他只有在狼狈、尴尬的处境下才会高兴。我们注意到,感知是根据一个人的需要出现或消失的。当一个患有陌生环境恐惧症的病人待在家里,或者对另一个人发号施令的时候,他是不会有焦虑感的。而对于所有的神经症患者而言,但凡满足不了他那种征服者的强大控制欲的生活情形都是受他排斥的。

情绪基调差不多是和生活习性一样固定的。比方说,一个胆小的人永远是胆小的人,哪怕他在和更弱小的人在一起的时候显得锋芒毕露,或者在有别人保护他的时候,他摆出了勇敢无畏的样子。他会在自家大门上安装三把锁,用狼狗、防盗器来加强安全防卫,但是嘴上却坚持说自己无所畏惧。没有人能够证明他的焦虑感,但是他采取的种种繁琐措施已经足够表明他性格中的懦弱特点。

两性和情爱的领域也提供了相似的证据。每当一个人盼望接近他的性目标之时,性别的归属感就会出现。他集中精力进行遴选,把那些跟他的目标发生冲突的任务,以及与他的目标不能相容的兴趣排除出去,于是就唤醒了这些感知和功能。而这些感知和功能的缺乏,诸如阳痿、早泄、性变态、性冷淡的症状都是由于没有排斥那些不适当的任务以及兴趣而发生的。像这类畸形的现象都是由一种设置错误的优胜目标或者错误的生活习性所引起的。我们在这些病例中总能看到一种倾向：期待从别人那里得到体贴照顾，而不是自己去体贴照顾别人，因此是一种缺乏社会情感的表现，是在勇气和乐观行动方面的失败。

我的一个病人，是他父母的第二个孩子，就非常严重地患有一种摆脱不掉的负罪感。他的父亲和长兄都非常看重诚实的品质。该患者七岁的时候告诉学校老师他自己独立完成了一份家庭作业，然而事实上是他的哥哥给他代劳的。于是这孩子把他的负罪感隐瞒了三年之久。到最后他去找了老师承认了自己糟糕的舞弊行为。老师只是一笑了之。他泪眼汪汪地去找了父亲，第二次承认了错误。这一次他受到的待遇要好一些了。父亲对他说真话的品德感到骄傲，他表扬又安慰了儿子。尽管父亲原谅了他的错误，可是这孩子的思想包袱持续压迫着他。我们不能不说，这孩子一心想要证明他完美无瑕和谨慎高尚的品德，乃至于他为了这样一件小事反反复复地痛苦自责。他家庭里的高标准道德氛围给他施加了追求完美卓越、超过他人的压力。他感到在学习成绩和社交能力方面自己不及长兄，就想着在一个被人忽视的边缘领域里表现得突出一点，从而获取优越感。

在后来的生活中他又被其他不良习惯引起的自责困扰着。

他手淫,而且无法彻底戒除考试作弊的恶习。每逢考试,他的负罪感就越来越重。随着压力的与日俱增,他开始集中记录这类缺点毛病。因为他的敏感意识,他比他的长兄心理负担重得多;并且这样一来,他所有的失败举动都有现成的借口来使他自己达到心理平衡。大学学业结束之时,他计划以技术工作为职业,然而他强烈的负罪感发作得非常严重,以至于他整日地祈祷上帝原谅他,没有一点时间用于工作。

再到后来他的情况非常不好,不得不送进精神病院治疗,而且医生们普遍认为他的病无法治愈。过了一段时间他的病情稍有好转,离开了病院,出院前他提出,如果病情反复,希望病院能再度收留他。他换了一门专业,开始研究艺术史。考试时间又快到了,在一个公共假日,他走进了一家教堂,大庭广众之下他扑倒在地大声哭喊:"我是个最大的罪人!"这一次他又成功地吸引了大家对他的敏感意识的关注。

在精神病院里接受了一段时间的治疗之后他回到了家。有一天中午他赤身裸体地去用餐。他的身材非常健美,在这一点上他不输给他的长兄或者其他人。

他的负罪感是一种手段,使他显得比其他人更诚实,他由此也争取到了一种优越感。 不过,他的努力方向却是生活之中无用的一面。他逃避考试、逃避职业工作,释放出的信号是懦弱,是高度的无能感,他的整个神经症表现为有意识地排斥所有他害怕失败的行动。从他在教堂倒地忏悔的言行之中，和他裸身走进餐厅的耸人听闻的举动之中，很明显可以看出他用低劣的手段追求优越感的进取之心。他的生活习性要求他这样做，他的心智所诱导出的这些认知和他的生活习性是十分相配的。

正如我们之前所见，一个人在四岁或五岁阶段开始打造他统一的心智，构建心智与身体的关系。他接受了遗传的物质因素，以及来自周边环境的印象，将这些物质因素和印象全都调整后用于对优胜感的追求。从五岁之后，他的个性就结晶成形了。他所赋予生活的意义，所追寻的目标，他的生活风格，他的情感倾向全都固定下来了。当然这些到后来都有可能发生改变，但是改变的可能性只有一种，那就是他从在幼年时代结晶形成的错误中摆脱出来。由于他之前所获得的印象与他对生活的解释都是关联一致的，那么现在他如果有能力纠正自己的错误，他所获取的新印象就必须与他对生活的新解释关联一致。

一个人总是通过自己的器官与外部环境接触，从外部环境接受各种信息。因此，只要我们观察一个人怎样训练他的身体，就可以知道他准备从他的周边环境吸收什么样的信息，他又会怎样运用他的经验。如果我们了解了这个人视听的方式，了解什么样的事情能吸引他的注意，我们对他的了解就足够多了。这就是为什么一个人的立场如此重要的原因，它们向我们展示了器官是如何被训练的，以及人在遴选外界信息的时候如何使用它们。立场总是被意义决定的。

现在我们可以给我们的心理学增加一条定义。心理学是关于个人对于他身体所接受的信息的态度的学问。这样我们就可以看出不同的人的心智引起的差别是何其巨大。一个人的身体假如很不适应外界环境，那么它在完成环境所提出的要求之时，就会被心智当作是一种负担。由于这个原因，那些有生理缺陷的孩子比起普通孩子在智力开发上将遇到更大的障碍。用他们的心智去影响、驱动或者主宰自己的身体往卓越的方向努力是更为困难的。如果想要稳妥地达到同样的目标，他们的心智就必定要付出更多的努力，精神的集中程度也必须高于常人。于是他们的心智负担加重，他们本人也会变得更加以自我为中心，甚至是自私自利。如果一个孩子长期被生理缺陷和运动能力不足的问题所困扰，他就没有可能关注他自己以外的空间，他也没有时间或自由去关注他人，其结果就是他长大成人之后，社会情感程度很低，合作能力很差。

生理缺陷会制造很多障碍，而这些障碍绝不是难以逃避的宿命。如果一个人心智积极活动于自己的职分，努力训练自己去克服重重障碍，那么这个人取得的成功就很有可能不亚于那些没有先天性负担的人。

事实上，有生理缺陷的孩子尽管在生活之中遇到很多麻烦，但比起那些各项先天指标正常的孩子，他们的成就往往更为出色。障碍是帮助人走得更远的刺激动力。

比如，有一个男孩因视力很弱不得不承受异常的压力。**他在看东西的时候非常费劲，他必须对这个可视的世界付出更多的注意力，于是他特别关注明亮鲜艳的色彩和外形。**久而久之，他在这个可视的世界累积下了大把丰富的经验，远远超过了那些无需挣扎就能轻松视物，或者不用集中精力就能轻易辨识事物差别的孩子。这样看来，生理缺陷反倒能够成为一个很大优势的来源，关键只在于心智是否发现了克服困难的正确途径。

在著名的画家和诗人当中，承受弱视之苦的人占了很大的比重。这些缺陷被训练良好的心智彻底征服了，最后它们的拥有者利用他们的眼睛实现了更多的意图，这是那些视力正常的同行不能企及的。同样的补偿效应也发生在左撇子孩子（而且这样的孩子一开始并没有被人发现他们是左撇子）身上，这种案例也许更容易让我们看得清楚。左撇子孩子在家的时候，或者刚开始上学的时候，他们都被要求训练他们笨拙的右手，于是他们在写字、画画、手工方面表现得非常低能。但我们可以想象，一旦他们的心智被训练得克服了这些困难，一开始

《水彩》 [俄]瓦西里·康定斯基

笨拙的右手就往往能够开发出程度很高的艺术才能。事情的发展确实就是如此的，没有一点夸张。在很多案例中，左撇子孩子在书写方面表现得比普通孩子更优秀，在制图绘画方面比普通孩子天赋更为突出，在手工制作方面技能更为娴熟。在探索新方法、开发兴趣点、训练和练习方面，他们把不利条件转化成了有利条件。

一个孩子，只有当他渴望为群体作出奉献的时候，只有当他的兴趣点不再只局限于他自身的时候，他才能成功地从自己的缺陷那里得到补偿。如果孩子们总是想着摆脱眼前的麻烦，他们就会持续地处于落后状态。要想保持住自己的毅力勇气，只有一个可能：他们必须为自己的努力制定一个目标，并且必须认识到，为实现这个目标所取得的成绩的重要性远远超过了给他们造成的种种困难和障碍。

这其实是孩子们的偏好和关注点的方向问题。假如他们的奋斗方向是外在于他们自身的一个对象，他们自然而然地会调整自己、训练自己以达成该目标。这个时候的困难对他们而言，就是他们的征途上等待着被攻克的要塞。如果反过来，他们偏向于强调自己的短板，或者在与这些短板抗争的时候没有别的想法，只想早点脱离这些短板了事，那么他们就不能取得真正的进步。左撇子孩子如果顾虑重重，一心期盼自己的右手不要那么笨拙，甚至期盼他右手的笨拙不要被人看出来，那么这只笨拙的右手就永远不可能训练成一只灵巧的右手。想要变得灵巧，只能在实践活动中反复练习；相比于目前存在的笨拙状态带给人的挫折感，激励孩子成功的言行必须给人留下更深刻的感受。如果一个孩子动员起他的所有力量来克服他遇到的困难，那么在他本身之外，他的行动必定已经有了一个目标，这个目标建立在对现实关怀的基础上，对他人关怀的基础上，以及对合作关怀的基础上。

我调查过一些患有肾功能欠缺病症人的家庭，调查结果提供了一个很好的遗传病案例，对这种病例的应对方法或许能为我们所用。来自这种家庭的孩子很多都患有遗尿症状。该生理缺陷是真实存在的，它可以表现为肾虚、膀胱病或者脊柱裂，而腰神经部分相应的疾病往往可以从该区域皮肤上的瘢痕或胎记上判断出来。但是遗尿这一症状却难以从器官缺陷上找到足够的原因。孩子的生理器官并不能强行地支配他，而他总是以自己的方式支配生理器官。比如，一些孩子在夜里会尿床，但在白天却不会尿在身上。有的时候，当环境发生了改变，或者父母态度转变了，尿床现象就突然消失了。只要孩子不再将生理缺陷作为一个错误的理由，遗尿是可以克服的，除非孩子的意志过于薄弱。

然而，太多患有遗尿症的孩子受到的刺激使得他们不但不能克服遗尿，反而让遗尿症状顽固地继续存在。一个聪明的母亲能够给孩子恰当的训练，但是如果母亲不够高明的话，那种多余的病症就会持续发作。往往在那些患有肾脏病症或者膀胱病症人的家庭里，一切跟泌尿有关的问题都被过于夸大了。母亲们往往错误地采用严厉的举措想要制止遗尿。假如孩子注意到大人们是多么看重治愈遗尿这件事情，他是很有可能抗拒的。而且这样一来反而给了他一个绝好的机会来表达自己反抗这项教育的对立情绪。如果一个孩子抗拒父母带给他的治疗行动，他就总是会以他的方式向父母最大的软肋发起进攻。

德国有一位非常著名的社会学家对罪犯的家庭出身作过调查，他发现，来自那些积极抑制犯罪行为的家庭的罪犯所占的比例之大，实在是令人惊讶，他们很多来自法官、警察或者是监狱看守的家庭。往往是教师的孩子表现出顽固的落后。根据我的个人经验我发现确实如此，我还发现医生的孩子容易患有神经过敏症，宗教牧师的孩子中容易产生不良少年，这两者的比例都高得惊人。同样地，如果父母过于强调治愈遗尿的重要性，一条非常清晰明确的途径就展现在他们面前，他们就能够借助这条途径展示他们自己的意志。

遗尿病例同样给我们提供了一个生动的样板，此样板揭示了平时我们做的梦是怎样唤起我们的情感来配合我们意图中的行动。尿床的孩子常常梦见自己已经起床，走进了厕所。在这种情况下他们就给自己找到了理由，可以心安理得地尿湿床垫了。尿床的心理意图通常来说是吸引关注，让别的意图都来服从自己，并使得它们在黑夜中的反应变得跟在白天时候一样。有的时候要跟其他的意图相对抗，遗尿的习惯就是对敌人的宣战。无论从哪一个角度来看，遗尿都是一种创造性的表达，孩子在用他的膀胱说话，而不是用他的嘴发言。生理缺陷对他而言就是表达自己观点意见的工具手段。

　　用这种方式表达自己意志的孩子往往长期处于一种紧张之下。通常而言他们属于被宠坏了的一类人，但是在家里他们又失去了唯一的中心地位。家里添了弟弟妹妹，很有可能他们觉得吸引母亲不加分散的注意力变得更加困难了。于是，遗尿就成了一种与母亲保持松散接触关系的行动方式，哪怕这种方式非常令人不快。它实际上在宣布："我没有你想的成长得那么快，我还需要被照顾。"在不同的环境之下，或者如果有别的生理缺陷，他们还会选择其他方式。

　　比如，他们会通过制造声响来建立一种联系，其操作方法是整夜不停地大叫。有的孩子还会梦游，做噩梦，从床上掉下来，或者喊渴，要水喝。**这种种表达的心理背景都是相似的，至于出现什么症状则一部分取决于器官状况，一部分取决于外部环境对他的态度。**

　　这些案例非常清楚地显明了心智对于身体所施加的重大影响。在所有的可能性之中，心智不单单是影响某个身体症状的选择，它还能宰制和决定整个身体的成长发育。目前我们还没有直接的证据证明这个假说是正确的，而且论证的操作是非常困难的。尽管如此，论据却足够充分。如果一个男孩生性胆小，他胆小的特性一定会投射到他整个的成长过程

《透视（二），马奈的阳台》［比利时］勒内·马格利特 1950

中。他不会在意自己的身体发育，或者，更准确地说，他根本想不到他的身体会有哪种可能的成长。后来的结果必然是，他不可能以一种有效的方式训练自己的肌肉，外界的一切信息，就是那些很平常地敦促他运动肌肉的信息，都会遭到他的一概排斥。别的孩子都会从容地接受这种信息的提示，对训练肌肉表现出高度的兴趣，他们会在健身运动的道路上走得更远，而这个男孩因为兴趣受阻，就远远落后于他人。

从这样的考察之中，我们能得出一个可靠的结论：身体的整个形态与发育都受到了心智的影响，并且会投射出心智的种种错误或缺陷。我们经常能看到身体的表现分明就是头脑错误的直接结果——克服困难的正确道路没有被发现，身体就出现了这种表现。我们已经确切地知道，内分泌腺在人生的头四年或五年之内是可以受到影响的。有缺陷的腺体对行动的指导无法产生强制性的影响力；另一方面，它们又受到整个外部环境持续不断的影响，受到孩子刻意接受的信息方向的影响，受到心智在这种偏好情状之下的创造性活动的影响。

另一条证据或许更容易被人们理解和接受，

因为它对于我们来说更熟悉，它指向的是瞬间的反应，而不是身体的固定状况。

在某种程度上，每一种情绪都会在身体上或多或少地反映出来。个体的人都会通过某种外部可见的形式表现他的情绪，或者表现在他的姿容或态度上，或者表现在他的脸上，或者表现在他瑟瑟发抖的双腿和膝盖上。相应的变化也会体现在身体器官上。

比如，一个人突然涨红了脸或者脸色变得惨白，他的血液循环势必受到影响。处于愤怒、焦虑、悲伤或者任何其他的情绪之下，身体都会言说，而每一个人的身体所说的言语又各自不同。比如有人身处害怕的场景下，他会颤抖，而另一个人会吓得毛发倒竖，第三个人则会心跳加速。还有其他人会出现冷汗淋漓、窒息、嗓音沙哑，或者全身瘫软、不能行走等症状。有的时候身体健康也会受到影响，比如没有了食欲、恶心呕吐等等。

对于一些人而言，他们的膀胱容易受到情绪的影响，而对于另一些人来说，他们身上受到影响的则是性器官。很多孩子在参加考试的时候，感到性器官受到了刺激。众所周知，犯罪分子在作案之后，常常会去妓院或者去他们的情人那里寻欢作乐。在科学领域中，有一些心理学家认为性和焦虑是彼此相伴的，而另有一些心理学家则认为这两者之间毫无相干。他们的观点都是依附在个人的经验之上，所以有的人认为有联系，有的人认为没有联系。

所有的这些反应行为都是属于因人而异的类型。在一定程度上可以看作是遗传因素使然，而这种形式的身体语言又往往能给我们提供些许暗示，告诉我们家族史有哪些缺陷或特别之处。家庭的其他成员有可能会作出极其相似的身体反应。特别有趣的是，我们可以观察一个人的心智是如何利用他的情绪来激活身体的反应的。情绪和情绪在身体上的反应告诉我们心智在它判断为有利的情况下是如何作出正面的反应的，不利的情况下又是如何作出反制性质的反应的。

例如，一个人在脾气爆发的时候，他希望自己能尽快地克服自己的不完美之处。最好的办法似乎就是去打击、指责或者攻击另一个人。这种愤怒的情绪反过来会影响他的器官：它们被全体调动起来投入行动，或者他对它们施加了额外的压力。有些人在愤怒的时候会同时感到胃疼，或者脸涨得通红。他们的血液循环发生了改变，于是头痛症状就发作了。我们发现产生偏头痛或习惯性头痛的原因很多时候竟然是突如其来的愤怒或羞辱。而对于某些人则是愤怒的情绪导致三叉神经疼痛，或者是癫痫性质的痉挛。

影响身体的因素到现在为止还没有被深入研究过，也许我们永远也无法得到一个完美的说明。精神的紧张状态既会影响自主神经系统，也会影响非自主神经系统。但凡出现紧张之处，自主神经系统马上就会作出反应，比如拍桌子、咬嘴唇、撕碎纸片等等。当一个人神经紧绷的时候，他会采取某种行动。咬铅笔或雪茄能给他打开释放紧张情绪的出口。这些行动向我们显明这个人处于某种高压下。当他被一群陌生人包围的时候，他是涨红了脸，还是身体发抖或者抽搐都是一回事，这些反应都是精神紧张的结果。在自主神经系统的作用之下，这种紧张感传达给了全身，于是，随着每一个情绪活动，整个身体都处在紧张状态中。

然而，这种紧张却并不是在每一个关节点上都表现得那么清楚，我们所讲的种种症状都只能局限在结果能够被观察到的关节点上。假如我们观察得更细致一点，我们将会发现身体的每一个部位都参与进了情绪的表达，我们还会发现，这些身体部位的表达都是心智和身体运动的结果。探究心智对于身体和身体对于心智的互动作用是十分必要的，因为两者都是我们所关心的整体的一部分。

从以上的证据中，我们有理由得出如下结论：一个人的生活习性和相应的情感配置对于他的身体发育能施加持续的影响。如果说，孩子在他很早的年龄阶段就固化了他的生活习性这个结论没错的话，那么只要我们考察得足够详细，就一定能发现孩子在今后的生活中必然会有与之相应的身体语言。在一个勇敢的人身上，会显示出他的生活态度对他体格的影响。他的身体的成长会异于常人，肌肉组织会更强壮，体态更稳健。人生态度对于身体发育的影响是方方面面的，或许部分地促进了更发达的肌肉组织。勇敢的人在面容表情上是与众不同的，到最后，整个的外部形态也是大不相同的，就连骨骼构建都很有可能受到影响。

在今天这个时代，想要否认意识对大脑具有影响作用是不可能的。病理学表明，一个人的左半脑如果受到损伤，就失去了读写能力，但是他可以通过训练脑子的其他部分来恢复这两项能力。经常发生这样的事：一个中风病人已经没有机会修复其大脑的受损部分，然而大脑的完好部分却发挥了补偿作用，恢复了其受损部分本来承担的功能，于是大脑的整体功能再次恢复。这样的事实在帮助人们认识个体心理学在教育领域应用的种种可能性方面是特别重要的。

如果心智能将此种影响施加于大脑，如果大脑仅仅只是心智的工具——而且是它最重要的工具，但仍然只是工具——我们就能找到开发并改善这件工具的方法。没有哪个人别无选择地只能终身维持他生下来时候的大脑水准：总有方法完善大脑使之更好地适应人们的生活。

如果一个人的心智把追求的目标瞄向了一个错误的方向——比方说，不去开发团队合作的能力——那么这样的心智就不能对大脑的发育施以良性的影响。也是由于这个原因，我们发现很多缺少合作能力的孩子走到后来的人生道路上时，他们就表现出智力开发不足的问题，以及理解能力不足的问题。

因为一个成人的整个气质都会显露出他在四五岁时候建立起来的生活习性的影响,也因为我们能够直观地看到这个人的统觉方式带来的结果,以及他赋予生活的意义,所以我们能发现这个人所遭受的合作能力障碍,也能够帮助他纠正治疗他的错误。在个体心理学当中我们已经向着这门科学迈出了最早的步武。

有很多学者指出心智表达和身体表达之间存在着恒定关系。但似乎并没有人尝试着去揭示这两者之间的桥梁。

比如,克雷奇默①描述了我们如何通过人的身体类型去发现与之相对应的某种精神类型。他因此区分出在人类之中占了很大比重的几大类型。

比如说,身材矮小、圆脸、短鼻子,有肥胖倾向的一类人,裘力斯·凯撒曾经这样说起过他们:

① 恩斯特·克雷奇默(Ernst Kretschmer 1888—1964):德国精神病学家。主要研究方向是人的身体体格与人格特征的关系。1929年获得诺贝尔医学奖提名。

"我要那些身体长得胖胖的、头发梳得光光的、夜里睡得好好的人在我的左右。"[①]

① 《裘力斯·凯撒》,第一幕第二场。

克雷奇默把这种体型的人跟某种具体的精神特质联系到了一起,但是他的文章并没有阐明这种联系的理由依据何在。依照我们的研究经验,具有如此体型的人外表上是看不出他患有生理缺陷的,他们的身体很好地适应了我们的文化。从生理上而言,他们和其他人都是同等程度地自我感觉良好。他们对自己的体格有相当的自信。假如他们要跟别人动手格斗,他们毫不紧张,他们觉得自己完全能胜任格斗。他们认为没有必要把别人看作是自己的敌人,也没有必要跟生活进行一场殊死决斗,仿佛生活是不共戴天的仇敌。有一派心理学把他们称作是外向型人格,但是也没有提出任何解释。我们也希望他们的性格是外向的,因为他们的身体没有给他们制造什么麻烦。

在克雷奇默作出区分的类型中,有一类是与这种胖人完全相反的,他们患有精神分裂,表现幼稚,体型特征是异乎寻常的瘦长,大鼻子,椭圆的脸形。他认为这种人很保守,偏好自我反省。凯撒也讲到过这种类型的人:

"那个凯歇斯有一张消瘦憔悴的脸,他用心思太多,这种人是危险的。"①

① 《裘力斯·凯撒》,第一幕第二场。

有这种生理缺陷的孩子或许在长大成人以后会变得更为自私自利,思想更悲观,性格更"内向"。也许他们更习惯于向别人求助,如果他们觉得别人对自己照顾不周,他们就会痛苦不堪,甚至到了怀疑人生的程度。然而我们又可以发现大量的混合类型,这一点也是克雷奇默所承认的，矮胖类型的人也可能发育出促成精神分裂的神智特征。这很好理解：假如环境以另一种方式给这些矮胖的人施以重压，让他们变得懦弱，失去勇气。如果我们采用成体系的挫折手段，任何孩子都可能被改造得像个精神分裂者。

如果我们的阅历足够丰富，我们可以将一个人所有的局部表现集中起来考察，从而了解他的合作能力的高低。人们一向都是在不知不觉中寻找合作能力的迹象。合作的迫切需要一直压迫着我们。为了让我们自己更好地适应这个纷乱的生活，我们发现了不少线索，然而这样的发现只是凭借直觉完成的，还很缺乏科学性。同样地，我们还可以看到，面对着历史上所有的重大变革，人们的心智已经普遍认识到自我调整的必要性，而且他们也的确在努力达成这样的自我调整。然而人们付出的努力只要是建立在直觉的基础上，那么错误就很难避免。

通常人们都不大会喜欢身形特征过于夸张的人、样貌丑陋的人或驼背的人。人们不知不觉地就将这些人判定为不适合合作的对象。这是一个很大的错误，他们的判断很有可能依据的是以往的经历。怎样提高与那些身形有缺陷的人的合作程度，还没有找到良好的方法，这些人的缺陷因此就被过度夸大了，他们因此成为大众偏见的牺牲品。

让我们把到目前为止得出的要点归纳一下。四五岁的孩子实现了其精神追求方向的统一，并在他的心智和身体之间建立起了牢固的根本关系。于是一种稳定的生活习性形成了，该生活习性也伴随有配套的情绪和身体状态。孩子的成长发育包含有程度或高或低的合作，依据这种合作的程度我们就可以判断并理解这个人。在所有的失败案例中，合作能力低下是最普遍的共性。

现在我们就可以给心理学作出更进一步的界定：它是一门理解合作能力欠缺的科学。既然心智是一个整体，同样的生活习性渗透于心智的全部活动之中，一个人的全部情绪和思想一定是与他的生活习性相一致的。如果我们看到一个人的情绪很明显地与他本人的诉求背道而驰，并给他自己带来了麻烦，那么仅仅试图去改变他的情绪是徒劳无效的。这些情绪是这个人生活习性的恰如其分的表达，如果他改变了自己的生活习性，这些情绪就会彻底消失不见了。

在这里，个体心理学给我们的教育前景和治疗前景提供了一条十分特殊的线索。我们的任务不该是直接治疗一个症状或者单个的现象，我们必须寻找病人犯下的种种错误：有的错误发生在病人整个的生活习性之中，有的错误发生在心智对其生活经历的解释之中，有的错误发生在心智赋予生活的意义之中，还有的错误发生在心智对于从身体和外部环境接受得来的信息而采取的回应行动之中。这就是心理学的真正任务。如果我们用针刺一个小孩，观察他（下意识反应）能跳多高，注意他的笑声有多大，这样的做法是很不适当的。

而这些行为在今天的心理学家们那里是司空见惯的。它们也确实能够呈现出个体心理学的些许事实，然而它们只能够为一种固化的、特别的生活习性提供依据罢了。

生活习性才是心理学的正确研究主题和调查研究对象，选择了其他研究主题的学派主要从事的其实是生理学或生物学。比如那些研究刺激和反应的学者，那些试图追踪创伤或令人震惊的经历对个人所发生的影响的学者，还有那些研究遗传能力并观测这些能力是如何发生作用的学者，他们都证明了我前面结论的正确性。

在个体心理学之中，我们考虑的是心灵自身，考虑的是统一了的心智，我们检验的是个体的人赋予世界和他们自己的意义，我们还检验他们的目标，他们所奋斗的方向，以及他们处理生活中的问题的方式。为了理解心理差异，我们到目前为止能够使用的最好方法莫过于检验合作能力的程度。

Feelings of Inferiority and Superiority

3

自卑感与优越感

右 《裸身站着的男人》 [奥]埃贡·席勒 1910
左 《站着的人（穿红衬衫自画像）》 [奥]埃贡·席勒 1913

每一个举止行为表现得优于常人的人背后，
我们都有理由怀疑是一种自卑感在起作用。

自卑感与优越感

"**自卑情结**"是个体心理学最为重大的发现之一,如今全世界人都知道了这个术语。很多学派的心理学者吸收了这个概念,把它运用在自己的实践之中。然而我本人并不能确定他们是否都真正理解了它,更不能确定他们是否在正确的意义上运用了它。

比如,我们告诉一个病人他患有自卑情结,这样做对我们来说没有丝毫益处,因为这只是强化了他的自卑感,而不能够给他指明克服自卑感的出路。我们必须探明他在自己的生活方式中所折射出来的特别无能的表现,我们必须在他感到缺乏勇气的关键时候把握时机恰到好处地给他打气。每一个神经症患者都有一种自卑情结。如果说有某一位神经症患者有自卑情结,而别的神经症患者没有自卑情结,这是不可能的。不同神经症患者之间的区别在于：造成无能感——也就是不能继续发挥生活的正面意义——的情景类型是不同的，还在于患者给自己奋斗和行动设置的限定也是不同的。如果我们告诉患者："您有自卑情结。"这句话对他不会产生什么鼓励作用，就好像我们跟一个头疼病人讲："我知道您得了什么病。您害头疼病！"这句话同样不会对治愈他的疾病有任何作用。

有很多神经症患者，在被问起他们是否感觉自卑的时候，他们的回答是"不"，甚至有人会说："正好相反。我清楚得很，我比周围的人都优秀。"其实我们根本用不着去问他们：我们只需要观察他们的个人行为就足够了。从他们的个人行为中我们能注意到他们使用了什么技巧来使自己相信自己非常重要。

比如说，我们看见一个外表很傲慢的人，我们可以猜测他的心理感受是："别人都很容易忽视我的存在。我应该表现得自己是个人物。"如果我们看见有人在讲话的时候手势动作幅度很大，我们可以猜测他的感想是："如果我不加以强调，没人会拿我的话当回事。"每一个举止行为表现得优于常人的人背后，我们都有理由怀疑是一种自卑感在起作用，而且这种自卑感还要求这个人付出特别的努力加以掩饰。就好比一个人觉得自己个头太小，就踮起脚来走路使自己显得高大一些。有时候我们会遇见两个孩子在攀比身高，情况与此类似：担心自己身材太小的那个孩子会使劲地伸展四肢，把身板挺得笔直，他竭力要让自己看上去比自己的实际身高更高。如果我们问这个孩子："你是不是觉得你太矮了？"我们千万不要指望他会承认这一事实。

所以，我们不能认为一个怀有严重自卑感的人外表上一定会显得恭顺、安静、克制、没有攻击性。自卑感的表现方式有成千上万种。我举一个例子或许可以说明这一点，有三个孩子第一次被大人带去动物园。当他们来到狮子笼跟前的时候，第一个孩子退缩到妈妈的裙子后面说："我要回家。"第二个孩子站在原地不动，脸色惨白身体发抖，嘴里却在说："我一点也不怕。"第三个孩子目光紧盯着狮子凝视了一会儿问他母亲："我可以向它吐口水吗？"这三个孩子都实实在在地感到了自卑的情绪，但是每个人的表达方式都跟各自的生活方式相一致，而显得彼此不同。

在某种程度上，我们每个人的身上都存有自卑感，因为我们所有人都会感到自己有很多地方需要改善。

如果我们能保持勇气，我们就能着手去掉自己身上的这些自卑感，手段只有一个，而且是直接的、现实的、令人满意的手段，那就是改善眼下的处境。

没有人能长时期忍受自卑的感觉，他会感到一种压力逼迫着他采取某种行动。然而让我们设想这么一个失去了勇气的人：这个人不敢相信自己还能付出改善自己境况的努力。可是他又不能忍受自卑感，他还是想努力挣脱自卑感，而他尝试的种种方法却不能带动他向前迈动一步。他的目标还是"不向困难低头",然而他并没有真正地越过重重障碍,他只是在自我催眠,或说沉醉在一种虚幻的自我优越感中。同时他的自卑感还在累积,因为造成自卑感的处境并未发生改变。那种刺激自卑感的原因仍旧存在着。他所采取的每一个步骤都让他更深地坠入自我欺骗的幻景之中,他的全部问题将以越来越大的负担施加于他身上。

如果我们只停留于观察他们的外部行动而不能很好地理解他们,我们就会把他们看作是漫无目的的人。他们留给人的印象不是有计划地去改善自己的处境。我们很容易发现,他们表面上似乎和所有其他人一样,都在努力追求一种满足感,但实际上他们放弃了改变客观处境的希望,他们的所有行动都开始陷入一种怪圈。当他们感到自己过于弱小的时候,他们就换到一个能使他自我感觉强大的环境里去。他们不是要把自己训练得强大,强大到更让自己心安,而是想办法让自己在自己眼中显得更强大。他们的努力其实是在愚弄自己以取得局部的成功。当他们感到难以应付外来的困难时,他们很可能以一种窝里称王的方式来突显自己的重要性。这样的话,他们很可能吸食毒品。然而他那些真实存在的自卑感却依然没有消除,还是跟过去一样的处境所激起的自卑感。这种自卑感将成为在他精神生活川流之下持续涌动的暗流。如果碰到这样的情形,我们真的需要谈谈自卑情结。

现在我们该界定一下自卑情结这个概念。当一个人面对他无法适应或难以应对的问题时，他确定自己无力解决这个问题，此时出现的便是自卑情结。从这个界定之中我们可以看到自卑情结可以表现为愤怒、眼泪和内疚。自卑之情总是能够产生出紧张的情绪，随之会出现一种朝向优越感的强制性动力，但是这种动力的方向却不会指向问题的解决。因此，这样一种争取优越感的运动方向其实是生活之中的无用方向。真正的问题被搁置了或被排除在外了。这时候自卑的个体会努力限制自己的行动范围，投入更多的精力去避免失败，而不是向着成功去积极努力。在困难面前他表现出来的形象是犹豫不前，是原地不动，甚至是向后回退。

这样的人生态度很容易表现为陌生环境恐惧症。陌生环境恐惧症传递的是这样的信息："**我不能走得太远，我不能离开我熟悉的环境。生活当中处处是危险，我必须躲开危险。**"如果一个人长期抱着这种态度，他就会把自己监禁在一间斗室之中，或者赖在床上不起来。在困难面前退缩的最彻底的表现形式就是自杀。自杀者面对生活中的所有问题都失去了信心，他传

《裸身跪地哭泣的女人》 [挪威]爱德华·蒙克 1919

递出来的信息就是他已经无力为改善自己的处境做任何事。自杀行为是如何体现出对优越感的追求的呢？我们可以这样理解：自杀往往是一种指责方式或者是报复方式。某个人自杀了，我们总能发现离这个自杀者不远处有人将责任揽到自己身上。仿佛这个自杀者在说："我是这个世界上最脆弱、最敏感的人，可你们却以最冷酷的方式对待我。"

每一个神经症患者都在不同程度上限制了他的行动范围，也限制了他与整个外部世界的接触范围。他试图与他面对的人生三大实在问题保持距离，把自己局限在他自以为有能力管控的狭小空间里。他以这样的方式给自己筑起了一间密室，关上了大门，把他的生命跟阳光、柔风和新鲜的空气隔离开来。

至于他会不会欺凌更弱小的人，或者以抱怨的方式在自己的领地中获得统治的地位，这就取决于他对自己的训练程度了：他会选择在他看来是最合适的、能够最有效地达到他的目的的手段。假如他对其中一种方式感到不满意了，他就会选择另一种。无论他选择何种方式，其目的都是一样的——不通过艰苦的劳动来改善自己的处境却能获得一种优越感。气馁的孩子如果发现他可以通过泪水获得最大的利益，那么他就会变成一个爱哭的孩子。从一个爱哭的孩子就会直接地发展成为一个忧郁的成人。

眼泪和哭诉——我把这种手段称为"泪水炮弹"——是一种武器，对于干扰合作，把其他人挤压到奴仆的处境，具有空前有效的作用。这样的人，还有那些扭扭捏捏、羞怯腼腆、怀有犯罪感的人，他们的自卑情结都是溢于言表的，他们很乐意承认他们的怯弱，也乐意承认他们没有能力照顾好自己。他们竭力想掩饰的是他们故意树立起来的高大形象的用心，还有他们不惜一切代价出人头地的欲望。

从另一方面来看，一个喜欢自吹自擂的孩子给人的第一印象是他的优越感，可是如果我们仔细地考察他的行为而不是他的说辞，我们很快就能发现他不愿意承认的自卑感。

所谓的俄狄浦斯情结实际上无非就是神经症患者"密室症"的一个特例而已。假如有一个人不敢去应对存在于广阔世界的爱情问题，他就无法成功地摆脱这一情结。如果他把自己的行动范围局限在家庭之内，那么他在这样局促的界限范围之内构建自己的性取向丝毫也不令人意外。由于这种不安全感，他从来不在他最熟悉的几个人之外播撒他的兴趣点。他担心如果他和别人在一起，那么他习以为常的那种优越地位就会荡然无存。

俄狄浦斯情结的牺牲者往往是被母亲宠坏的孩子们，他们习惯了相信他们的愿望理所当然地被付诸实现，而且他们从没有经历过通过自己独立的努力，从家庭范围之外获得他人的青睐和关爱。即使在长大成人之后，他们仍然被拴在母亲的围裙系绳上。在对待爱情的问题上，他们不是要寻觅一个平等的伙伴，而是要找一个用人，哪一个用人带给他们的服务让他们感到最安心呢？自然是他们的母亲。我们其实能把任何一个孩子都变成俄狄浦斯情结的患者。只需要母亲宠溺他，不让他对其他人感兴趣，并且他的父亲只要表现得相对冷漠一点、无所用心就足够了。

神经症患者的外部表现就是给自己的行动画地为牢。从口吃患者的言语中我们能看出他的迟疑态度，他所残留的社会感觉驱使他只跟自己熟识的人发生接触，而他自己的无能感、他对尝试的戒惧之心跟他的社会感觉发生了冲突，于是他在说话的时候总是显得犹豫不决。学校里"成绩拖后腿"的孩子、三四十岁还找不到工作或者避开婚嫁话题的男男女女、一遍又一遍地重复同样动作的强迫性神经症患者、为了白天的工作而烦恼得整夜难眠的失眠症患者——所有这些人都暴露出了自卑情结，自卑情结造成他们不能付出努力去解决生活上的问题。手淫、早泄、阳痿和性变态等症状也都表现出了一种犹疑不定的生活习惯，此习惯顺理成章地造就了一种在接近异性时害怕低人一等的心理。如果我们问："为什么你这么害怕低人一等？"这个问题就会让人自动想起伴随着这些人的企图高人一头的追求，其答案就不言自明了，"因为他们给自己设定了过高的成功目标"。

我们说过自卑感本身并没有多反常。从人类自身的角度上说，自卑感其实是他们取得的所有进步的动因。比如，科学只能是在人们感到自己无知，并且需要预知未来的条件之下诞生，那正是人类为了改善自己的整体处境而作出努力的结果，是为了更多地了解宇宙、更好地掌握宇宙的努力结果。

实际上在我看来，所有的人类文化都是建筑在自卑感的基础之上的。如果我们想象有这么一个外星生物观察我们的人类星球，他一定会得出这样的结论："这些人类生物，建立起这么多个社会团体和机构，为求安全下了这么大的功夫，为了遮风挡雨盖起了房屋，为蔽体取暖制作了这么多衣服，为交通便利修建了这么多条道路——很显然他们认为自己是这个星球上最弱小的居民。"

从很多方面来说，人类确实是最弱小的生物。我们没有狮子或大猩猩那样强壮，很多动物也比人类具有更好的单独应付困难的能力。有的动物通过群居生活来弥补自己的缺陷不足——它们成群结队地聚在一起，但是人类所需要的合作，比起这个世界上任何其他生物的合作都更为多样，更为深广。人类当中的婴幼儿尤其地脆弱，他们需要成人付出多年的照看和保护。既然每一个人都曾有过极度幼弱的时候，既然人类脱离了合作就只有听任环境摆布的命运，我们就能理解一个孩子如果没有经受过合作方面的训练，他的人生就不可避免地滑向悲观，形成一种根深蒂固的自卑情结。

同样我们也能理解，即使是对于最懂得合作的个体，生活也会持续不断地呈现出各种各样的问题。没有哪一个人会觉得自己已经达到了优越感的终点目标，成为他那个环境里绝对的主宰。生命太短促，我们的身体也太脆弱，人生中的三大问题总是有足够的空间期待更丰富更完满的解答。我们总能够得到一个解答，但我们永远不能够心满意足地停留在取得的成绩上裹足不前。在任何情况下奋斗都不应停止，只要与人合作，我们的奋斗就总是充满希望、相得益彰的，并且一定会指向真正改善我们的共同处境的方向。

我认为，没有人会忧心我们最终无法达到我们生命的最高目标。假如我们想象有这样一个人，或者整个人类真的达到了这样的地步——在他们面前不再有任何艰难险阻，可是在这样的环境下，生活就会变得非常乏味。一切都在预料之中，一切都可以事先计算好。明天不会带来意外的机运，未来无可期盼。**我们生活中的乐趣恰恰主要来自非确定性。**

假如我们无所不知，对什么都了然于胸，那就不再需要讨论和探索。科学就没有了用武之地，宇宙不过就是一个被讲了两遍的老套故事。艺术和宗教本该是以我们对尚未达成的目标的想象鼓舞着我们，然而在此种情形之下将没有任何意义。我们美好的未来使得我们眼下的生活不那么轻易地枯竭。人们的努力奋进是持续不断的，我们总能够发现甚至设计出新的问题，为合作和贡献制造新的机会。而神经症患者从一开始就面临着障碍，他的应对方法总是停留在很低的水准，他碰到的问题相应地也是巨大的。一个更为正常的人会给他的诸多问题提出越来越完满的答案，他会向着新的艰难险阻挺进，得到新的解决方案。这样他就有可能为其他人作出贡献：他不会落在后面拖拖拉拉，成为伙伴们的累赘，他不需要也从不要求人家给予他特殊照顾，而是独立地勇往直前，根据他的社会经验去解决问题。

追求优胜的目标因个人具体情况不同而不同，每个人的目标都有其独特性，并且取决于他对生活所赋予的意义，该意义不仅仅是几个字句的事情，而是编排进了他的生活方式并融贯其中，就像他自己创作的奇怪旋律。在他的生活方式中，他不会直接陈述自己的生活目标，所以我们可以一劳永逸地代他说出来。他只会含含糊糊地暗示他的目标，我们可以从他给出的暗示中溯本求源。领会一个人的生活方式就如同领会一位诗人的作品一样。诗人用语词抒发胸臆，但是他所表述的意思远远超过了单纯的字面含义，绝大部分的意思要靠读者去猜度，我们必须在字里行间去读去想。而一个人的生活方式同样如此，好比一部极深奥极晦涩的作品。心理学家必须学会穿行于字里行间读出弦外之音，他必须学会辨析生活意义的方法。

除此之外，别无特例。生活的意义是在一个人四五岁的时候达成的，达成这样的意义不可能是一个数学演算的过程，而是一个在黑暗中摸索的过程，很难用理性去理解的摸索，只能抓住一个个的暗示，艰难地寻找原因。

要达成追求优胜的目标也是类似的，需要在摸索和猜测下操作。生活的意义是生命的奋进，是一股动态的川流，不是绘制成图表或地图上的一个现成不变的点。没有哪个人对自己追求优胜的目标熟悉得可以清晰完整地描述出来。也许一个人知道自己的职业目标是什么,但是这种目标只是他整个人生奋进中的一小部分。即使制定了一个具体的人生目标,也会有千万条通向这个目标的奋进之路供他选择。

比方说,有一个人想成为一名医生,然而做一名医生意味着有很多不同的任务需要他完成。不管他是希望成为一名内科医学专家还是一名病理学专家,他都会在具体行动中表现出对自己和他人的特别兴趣。我们将会看到他会付出多少努力来训练自己成为对伙伴有帮助的人,他在助人为乐这条道路上能够走多远。他把这一点当作对自己明确存在的自卑感的补偿。因此,从他在职业行为里说出的话语中,或者在别的场合说出的话语中,我们要能够猜出他为之补偿的那种明确存在的自卑感。

我们常常发现医生在他们童年时代就过早地接触到了死亡的事实。作为让人类产生不安全感的因素,死亡给他们留下了最为深刻的印象。

或者是兄弟,或者是父母中的哪一位辞世了,他们后来的人生历练都指向了一个目标,那就是

《死亡与孩童》 [挪威] 爱德华·蒙克 1899

为他们自己也为他人寻找一种更好地保护生命免受死亡威胁的途径。再举一个例子，有人把成为一名教师设定为自己具体的目标，而我们又非常清楚教师和教师是非常不一样的。如果一个教师的社会情感程度很低，他作为教师追求优越感的目标就很可能是管理一批比他弱小的学生。因为他只有面对那些更弱小、比他更缺乏阅历的人才会有安全感。社会情感程度高的教师会以平起平坐的态度对待他的学生，因为他真心实意地希望为人类的福祉作出贡献。我们无需再讨论教师的能力和兴趣点又有多少不同，也不用再强调发现他们种种表现的真实意图是多么重要。

如果一个人制定了一个具体的目标，他就要对自己的潜能进行缩减、限制以适应该目标，但是他的整个目标，也就是目标原型，会左冲右突地突破种种限制，找到一种方式在任何情形下都表达出他赋予生活的意义，也表达出他追求优越感的终极理想。

对于每一个人，我们都应该深入到表面背后去寻根溯源。一个人很有可能会改变他将自己的目标具体化的方式，就像他改变他对具体目标——他的职业——的一个表达方式一样。

纵然如此,我们还是要寻找变化背后潜在的连贯性,寻找其人格的统一性。这种统一性固定地存在于其所有的表达话语之中。假如我们把一个不规则的三角形放置在不同的地点,每个地点就会呈现出非常不一样的三角形,不过如果我们仔细地看,我们会发现这所有的三角形都是同一个图形。目标原型也是这样:它的内容不会因为任何一个表达方式而枯竭,我们应该能从所有属于它的表达之中认出它的原貌。我们绝不可能这样对一个人说:"只要你这样做或者那样做,你追求优越感的理想就能实现了。"对于优越感的追求是灵活多变的,一个人越是健康、正常,他在具体方向上遇到挫折的时候,就越容易给他的奋斗找到新的通道。只有神经症患者会如此感受到他的目标的具体表达:"我必须得到这个,要不然就完了。"

我们不要以为可以很轻松地表述出任何一种对于优越感的特别追求,但是我们可以发现:在所有林林总总的目标之中都有一个共同的要素——都向往着与神灵相近。有时候我们发现孩子们会以这种方式公开地表达自己,他们会说:"我想当上帝。"很多哲学家也持有同样的理念，有一些教育家希望把孩子教育训练得神通广大。

在某些古老的宗教那里，同样的训练目的是很明显的，信徒一心要把自己修炼得近乎神灵。这种"近乎于神"的理想以一种更为温婉的方式体现在"超人"的理念中，我不需要举出过多的旁证，只需提一下尼采致斯特林堡①的一封信就很能说明问题了，他在那封信中署名为"被钉死在十字架上的人"，这时候他已经疯了。发了疯的人往往需要以一种不加掩饰的形式表达他们所追求的优越感目标，他们会声称："我是拿破仑"，或者"我是中国皇帝"。他们企图成为整个世界的注意力焦点，希望四面八方的目光都凝聚到自己身上，期待用无线电跟全世界通连，以便能听到世界上所有人的谈话，他们还做着预知未来、掌握超自然能力的美梦。

相比之下，把自己修炼成近乎

① 斯特林堡（August Strindberg，1849—1912年）瑞典作家、剧作家和画家。被称为现代戏剧的创始人之一，一生十分多产，除了剧本之外，著作涵盖范围还有小说、历史、传记、政论和文化赏析。他的作品倾向是自然主义和表现主义。

神灵的目标可能还算是更为合理的方式，因为他们是想变得全知全能，或者让我们的生命变得不朽。无论是我们渴望自己永久地保有自己的尘世生命，还是想象着自己通过许多轮回一次一次地回到尘世，抑或是我们预知另一个世界存在着不朽，所有这些愿景都建立在与上帝相似的愿望的基础上。依据宗教的训诫，上帝才是不朽的存在，只有他才能历经所有的时间川流，直到永远。我无意在这里讨论这些观念是对还是错：它们都是对生命的解释，它们是意义，在某种程度上我们都被这样的意义把控着——成为上帝或者与神相似。即便无神论者声称要征服上帝，甚至要超越上帝，我们依然能看到，这是一种对优越感目标非常强烈的追求。

一旦追求优越感的目标被具体化之后，一个人的生活方式就不会再有什么偏差。他的习惯、表现都将恰到好处地配合他去达成这个具体的目标。它们完美得无可指摘。每一个问题儿童，每一个神经症患者，每一个酒鬼、罪犯或者性变态都是为了他们所认定为优越的目标而不断地作出"正确"的行动。如果我们要指出这些表现有多么不好是不可能的，因为他们要达到他们的目标，就必然会有如此表现。比如，班上有一个男孩表现得最为懒散，老师问他："为什么你的功课这么差劲？"他回答说："只有我功课差了，你才肯在我身上下功夫。你不会关心班上学习好的同学，因为他们不会给班级拖后腿，功课又做得好。"因此，吸引老师的注意力，实现对老师的控制就是他的目标，而且他也找到了达成这一目标的最佳方法。如果想要试图说服他改掉懒散的毛病将会是徒劳的，因为懒散就是他实现自己目的的法宝。如此看来，他的想法完全正确，假如他改掉了自己的懒散行为，他岂不是一个傻子？

另有一个男孩在家里非常听话，但是显得有点愚钝，在学校里他是一个差生，在家里也毫不机灵。他有个哥哥比他大两岁，生活方式上跟他大不相同。他聪明活跃，但是性格莽撞，时常闯祸。有一天有人无意中听见弟弟对哥哥说："我宁愿像我现在这样愚钝，也不愿意像你这样鲁莽。"如果我们假定弟弟的生活目的是避免闯祸，那么他所表现出来的愚钝恰恰是聪明之举。因为他一向愚钝，别人就不会对他有太高的期待，而且即使他犯下错误，他也不会受到深责。考虑到这样的目的，他要是表现得聪明伶俐才是个傻子。

时至今日，常规的治疗还是只针对这些表面的症状。个体心理学坚决反对这种态度，无论在医学上还是在教育上都不可取。如果一个孩子的数学很差，或者在学校表现很不好，那么把精力集中在表面问题上，努力去改善这些症状都是徒劳的。也许他的目的就是要把老师搅扰得心神不宁，或者干脆逃避学校生活，所以才表现得让人感到讨厌。如果我们在一个地方阻止他目的的实现，他很快又会找到另一条新途径。

成年的神经症患者也是如此，比方说有一个人患有偏头痛的症状，头痛病的发作对他来说非常有用，往往就是在他最需要头痛的时候，他的头正中下怀地痛了。以头痛为借口，他就可以避开社交问题，只要他必须会见新的一群人，或者需要作出一个新的决断，头痛就适时地发作了。同样地，头痛病也可以帮助他实现对他的下属员工、他的妻子以及他的家庭的独裁统治。我们凭什么期待他放弃这样一个屡试不爽的法宝呢？从他自己的立场来看，他施加给自己的疼痛无非是一项聪明的投资，这项投资给他带来了他期待中的收益。毫无疑问，假如我们给他讲明病因，肯定会吓他一大跳，从此这个症状就被治愈了，就像对待那些战争神经症患者，有的时候只要采用电击治疗，或者假装要动手术，他们的病就全被吓好了。也许现在的医疗条件能够治好病人的这个病，使得该病人选择的这个特殊病症很难继续发作。然而，只要他的目标不变，他纵然放弃了一个症状也一定能找到另一个替代品。头痛病治好了，失眠或者别的什么新疑难杂症又会接踵而至。只要他的目标没有改变，他肯定还会坚持去追寻该目标。

有这样一些神经症患者，他们能以惊人的速度摆脱掉现有的病症，然后没有片刻的迟疑，他们就患上了另一种新的病症。他们的神经症的表演技艺十分精湛，并且他们的戏码还在不断地增加。如果他们读过一本精神疗法方面的专业书，书上就会告诉他们更多的一些他们至今没有机会去尝试的神经疾病。我们要做的事情只有两件，一是搜寻病人生病的真正动机，二是研究该动机与病人追求优越感的总体目标之间的内在关系。

设想一下，在我的课堂上，我请人搬来一把梯子，我爬了上去，在黑板的顶部蹲坐下来。看见这一幕的所有人都会想："阿德勒博士准是疯了。"他们无法理解梯子是派什么用场的，为什么我要爬上去，为什么我要坐在那样一个别扭的位置上。可是如果他们想到，"他坐到黑板的上方是因为他的身体不比别人高大，他就有低人一等的感觉，只有他自上而下地俯视全班学生的时候，他才感到安全"，这样他们就不会认为我是疯得不可救药。

我采用了一个绝妙的办法达到了我这个具体的目的。梯子是一个加深人直观印象的工具，我爬上梯子的行动看上去计划得不错，执行得完满，只有一点还是让我显得很疯狂——我对优越感的理解。假如我确信我的具体目标选择得非常糟糕，那样的话我就会改变行动。但是如果目标不变，我的梯子被搬走了，我还会换一把椅子爬上去，如果椅子又被搬走了，我会想到我还可以蹦高、攀爬，凭借自己的肌肉使劲拉伸自己。每一个神经症患者也是如此：他们对手段的选择是没有毛病的、无可指摘的。我们能改善的只是他们的具体目标。目标改变了，精神习惯和态度也会随之改变。他就不会再需要旧的习惯和态度，新的目标将召唤新的习惯和态度来与之配套。

让我再介绍一则病例，当事人是一位三十岁的女士，她患有焦虑症，无法结交朋友。她在职业问题上一直没有取得进展，于是对她的家庭形成了不小的负担。她只能打打零工，去给人做速记或者当秘书，雪上加霜的是，她的雇主总是对她性骚扰和惊吓，使她不得不辞工。有一次她好不容易找到一份工作，那位雇主对她不那么感兴趣，却使她倍感羞辱，于是再次辞工。她接受了多年的心理治疗——我记得是整整八年——然而却无法改善她的社交能力，也无法帮助她获得一份挣钱过活的职业。

在我对她进行治疗的时候，我为了追溯她的生活方式，帮助她回想她童年时期的最早记忆。如果我们不能理解一个人童年时期是怎么回事，那么长大之后的这个人我们同样无法理解。她是家中最小的孩子，长得很漂亮，毫无疑问也是受尽了宠爱。那个时候她的父母非常富裕，她只要提出一个要求，立刻就会被满足。

"哦，"听她这样叙述的时候我说，"你享受的是公主般的待遇。"

"太奇怪了，"她回答道，"那时候所有人都管我叫小公主。"

我请她回顾她最早的记忆。

"我四岁的时候，"她说"我记得有一次走出家门，看见有几个孩子在做游戏。他们一个个上蹿下跳，嘴里大声喊叫：'巫婆来了。'我非常恐慌，回到家后，我问一个在我家干了很久的老女仆是不是真的有巫婆来了。她说：'是的，世界上是有巫婆、小偷和强盗,他们都会跟着你。'"

从她的叙述里我们可以看出她很害怕一个人待在屋里,她把这种恐惧添加进了她的整个生活方式中。她觉得自己太脆弱不能离开家,家里的人也必须在各个方面支持她照顾她。

另一则早期记忆是这样的:"我有一个钢琴老师,是个男的,有一天他突然要吻我。我停止练琴起身就走,把这件事告诉了母亲。从那以后,我再也不想弹钢琴了。"从这里我们又可以看出她在她自己和男人之间设置了一条巨大的鸿沟,她的性意识的发展方向是自我保护,而不是恋爱。她觉得恋爱是脆弱的。在这里我必须说明一下,很多人在恋爱的时候感到自己很脆弱,在某种程度上他们是对的。如果我们恋爱了,我们必须要表现得温柔,我们对另一个人的关爱使得我们很容易受到扰动。只有一种人会回避爱人之间的相互依赖,这种人追求的是这样一种优越感:"我永远不能做弱者,我决不能把自己暴露出来。"这样的人习惯了远离爱情,对于爱情的态度十分消极。你经常会看到,如果他们感到自己有陷入爱情的危险,他们就会把恋爱的场景转换成一个嘲笑的对象。他们对那个让他们感到这种危险的人采取的态度是嘲笑、捉弄和戏耍。这样的话他们就能摆脱掉那种脆弱的感觉。

这个女孩子在想到爱情和婚姻的时候同样感到脆弱,结果就是,当她在职场上有男人对她性骚扰的时候,她表现出来的强者形象超过了她实际需要的程度。除了退避三舍她想不出别的办法。在她被这些问题持续困扰的时候，她的父母都已离世，她的王庭已不复存在。她想办法找到几个亲戚来照顾她，然而她的处境很不能让人满意。

过了一阵子她的亲戚对她感到厌烦了，在她感到需要关照的时候不再肯帮忙。她责骂了他们，说如果她被大家撇下只剩她孤零零的一个人，对她来说是何等危险，这样她才避开了形单影只的悲剧。我相信，如果她的家人没有一个人担起麻烦照顾她，她是一定会疯掉的。能够实现她的优越感目标的方法只有一条，那就是强迫她的家人关爱她，帮助她把生活里的一切困难麻烦都挡在家门之外。在她的脑子里一直保持着这样的观念：

> 我不属于这个星球，
> 而是归属于另一个星球，
> 在那个星球上，
> 我就是一个公主。
> 这个可怜的地球是不了解我的，
> 也没有认识到我的重要性。

《旅馆房间》 [美] 爱德华·霍珀 1931

这种情形只要再发展一步就足以导致她发疯了，但是只要她还掌握一些属于她自己的有限资源，只要她还能得到家人或亲友的帮助，她就还不至于走投无路。

再来看另一个案例，该案例把自卑情结和优越情结同时清晰地呈现在我们面前。一位十六岁的姑娘来找我，她在六七岁的时候开始偷窃，十二岁的时候跟别的男孩在外边过夜。两岁那年，她的父母受够了长期激烈的争吵，最终离婚。她被判给了母亲，在外婆家和母亲一起生活。外婆对她竭尽了疼爱。她出生的时候，正值父母之间的争吵达到了顶峰，因此母亲并不欢迎她降生到世间。她从来没有喜欢过女儿，母女之间一直处于一种紧张状态。

当这个女孩子来找我的时候，我以一种友好的方式跟她交谈。她告诉我说："我不喜欢偷人家的东西，也不喜欢跟男孩子们厮混，但是我必须让我妈妈看到，她不能拿我怎么样。""你那样做是为了报复她？"我问。"我想是的。"她回答。她想证明自己比母亲更厉害，但是她之所以有这样一个目标只是因为她感到自己太脆弱。她感到母亲不喜欢她，她饱受一种自卑情结之苦。怎么表现出自己的优势呢？她想来想去，也只有一条道可走，那就是干坏事。当孩子们行窃或者从事其他少年犯罪活动的时候，通常都是为了报复。

一个十五岁的女孩子消失了八天。人们重新找到她之后，把她送交给了少年法庭。在法庭上她编了一个故事，说她被一个男人绑架了，那个男人把她捆绑了起来关在一间屋子里整整八天。

没有任何人相信她的谎话。医生在一个非常私密的环境下跟她对话，催促她说出真相。她一看医生不相信她编的故事就很生气，打了他一耳光。我见了她就问她将来想干什么，给她制造了一种印象，好像我只是对她未来的归宿感兴趣，对我能帮助她做些什么感兴趣。我请她描述一个做过的梦，她就笑了，跟我讲了下面这个梦："我进了一家地下酒吧。走出酒吧的时候，我碰见了我妈妈，很快地我爸爸也跟过来了。我求妈妈把我藏起来，不让爸爸发现我。"她很害怕她的父亲，父女两个矛盾很深。父亲总是惩罚女儿，女儿惧怕惩罚才被迫撒谎。

如果我们碰到一起孩子说谎的案例，一定要调查一下这个孩子是不是有严厉的父母。除非真相会给孩子带来危险，否则他没有必要说谎。另一方面，这个女孩跟她的母亲有某种合作的默契。这个时候她才告诉我曾经有人诱骗她走进一家地下酒吧，于是她在那家酒吧里度过了八天。因为害怕父亲，她不敢说出真相，但与此同时，她自己的事情又被战胜父亲的欲望左右着。她感到一直以来父亲占据了上风，只有伤害了父亲，她才有一种胜利者的感觉。

有多少人在寻找优越感的时候误入歧途，需要我们的帮助？所有人都有追求优越感的共同愿望，要认识这一点并不难。

我们可以为他们设身处地地着想，同情地理解他们的努力行为。他们犯下的唯一错误是他们的努力全用在了人生的无用方面。人类每一项创造的背后都有对优越感的追求，为我们的文化建设作出全部贡献的源泉都在于此。整个的人类生活都行进在这条伟大的行动之路上——从下而上，从减到增，从失败到胜利。

在自己的奋斗过程中，只有那些表现出嘉惠他人这一意向的人，也只有在嘉惠他人这条路上走在前列的人，在生活中遇到困难的时候才能真正地应对并战而胜之。如果我们以正确的方式接近他人，我们将会发现说服他们改弦易辙并不是十分困难。

说到底，人类对于价值的判断和成功都是建立在合作的基础上的，这是我们人类最大最普遍的常识。我们对于引导、对于理想、对于目标、对于行动以及性格特点的所有要求，无不服务于人与人之间合作的这一宗旨。事实上我们也很难找到一个彻底丧失了社会情感的人。神经症患者和罪犯也都了解这个公开的秘密，我们可以看到他们在为自己的生活方式辩护，或者把责任抛给别人的时候产生了多少痛苦，他们是知道的。他们提不起勇气去开发生活中积极有用的一面。一种自卑情结告诉他们："合作的成功不属于你。"面对着生活中的实际问题，他们扭头而去，为了确立自己的强者意识，他们投入到和阴影的战斗中去。

在我们人类的劳动分工之中，有足够的空间留给了各种各样的具体目标。也许，如同我们所见，每一个目标都有可能涉及程度不太严重的错误，我们总能够从中发现问题予以批评。

对于一个孩子来说，他的优势表现在数学知识，而另一个孩子的优势则表现在艺术，第三个孩子的优势则是体魄健壮。消化功能有缺陷的孩子可能会认为他面临的问题主要是营养的问题。他的兴趣点就可能转向了食物，因为他相信这样一来就有机会改善他的状况，结果他就有可能成为一名专业的厨师或者是营养学教授。

我们可以看到，所有这些特殊的目标都附带有一种实在的补偿，当然它们也确实排斥了其他的可能性，并对当事人作出自我限制的严格训练。我们也可以理解，一个哲学家必须经常放弃社交生活去思考、去写作。但是，只要有一种高水准的社交情感维系着追求优越感的目标，这里就不会出现太大的错误。我们的合作需要许许多多不同形式的精英。

Early Memories

《蓝色圆圈》
［俄］瓦西里·康定斯基

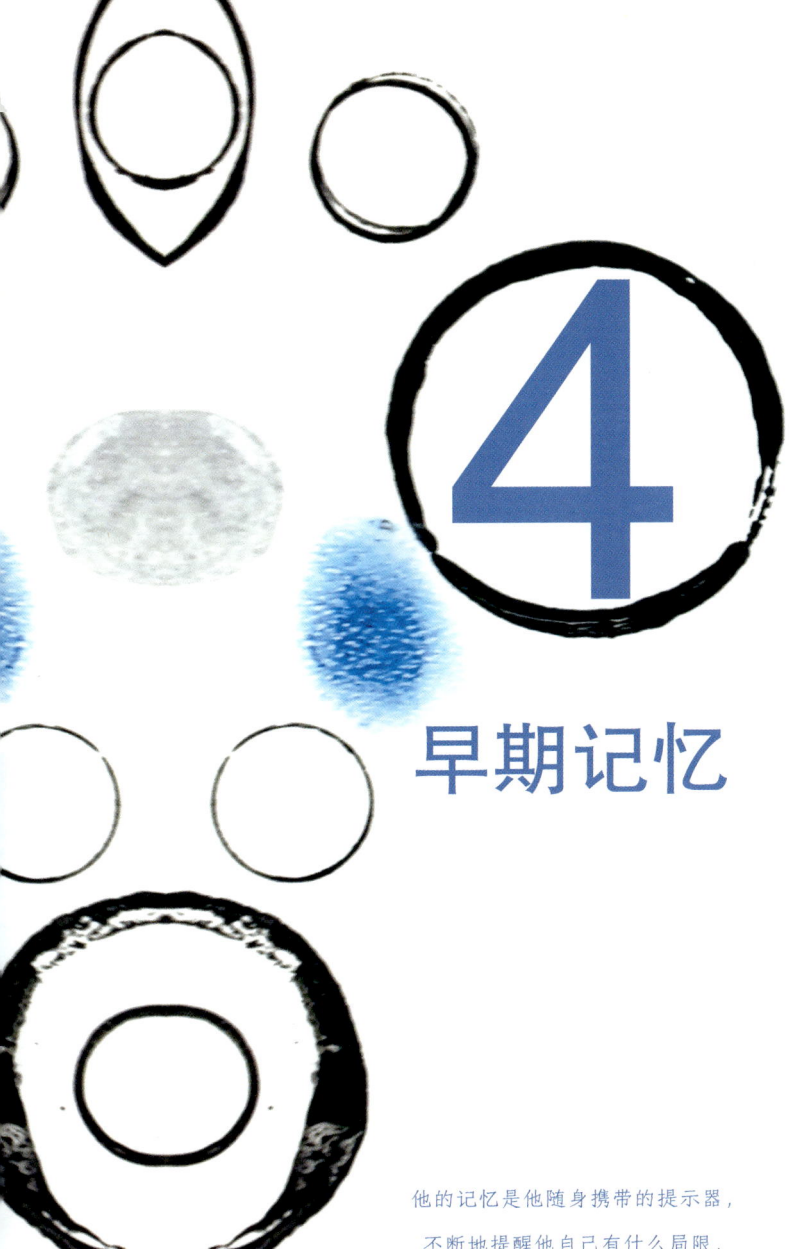

4

早期记忆

他的记忆是他随身携带的提示器，
不断地提醒他自己有什么局限，
以及周边环境的意义。

早期记忆

为获取一种优越地位而努力奋斗,这是我们理解一个完整人格的关键所在,因此,我们在个体心灵生活的每一点上都能碰到这个问题。认识这一点对于我们理解一个人的生活方式有两大帮助。

其一,无论我们选择哪个切入点,都可以开展工作:因为每一个外在表现都能够引领我们走向同一个方向——围绕着这个人的人格而建立起来的唯一的动机,唯一的旋律;其二,我们的研究获得了无比丰富的材料。每一个言词、每一个念头、每一种感受或者是姿态都有利于我们加深对当事人的理解。我们在思考一种表现方式的时候如果过于匆忙得出了错误的结论,那也不要紧,成千上万的其他材料会予以检验和纠正。我们必须立足于整体来考察局部,不然我们最终不能判断出每一个外在表现的真实含义是什么。每一个表达都在言说同样的事情，每一个表达都在敦促我们去解决问题。我们就像考古学家发现了陶器的碎片、石器工具、古建筑的断壁遗迹、破损的纪念碑，以及纸莎草叶，从这些残片之中我们努力去推想已经消失了的古代城市的整体面貌。但是我们与之打交道的不是某种已经消失了的东西，而是一个人在交互组织之下被影响的方方面面、一个活生生的人格，这些东西在我们面前持续刷新地呈现出其自有的意义。

要理解一个人，殊非易事。在所有的心理学门类之中，个体心理学的学习和实践可能是最困难的。我们必须从整体出发来考察局部。我们必须保持怀疑态度，直到问题的答案清晰自明地呈现在我们面前。我们必须从成千上万个蛛丝马迹之中汇集起有用的线索，这些蛛丝马迹包括：一个人走进房间的仪态，他跟我们打招呼和握手的方式，他微笑和走路的样子。

我们可能在一个要点上出现失误，但是其他的材料总能及时补上，帮助我们纠正错误或者坚定正确的知见。治疗本身则是在合作方面的训练，或者是对合作的检验。我们要想获得成功，只有真切地关注对方这一条路可走。我们必须学会用他的眼睛看世界，用他的耳朵聆听。他必须把他的身心奉献给我们的共同理解，我们一起弄明白他的人生态度以及他所遭遇的困难。即便我们觉得我们理解他了，也不能说明我们是对的，除非他自己也理解他自己了。不圆满的真相不是全部的真相：它表明我们的理解还不够充分。很多学派有可能在这一点上发生了误解，从而推出"负性移情和正性移情"的概念，这种概念跟个体心理学的治疗方式是不匹配的。一个习惯了被追捧的病人，要想获得他的好感最容易的办法就是追捧他，但是他的控制欲望还是被压抑在表面之下。如果我们怠慢了他，或忽视了他，就会很容易招惹起他的敌意，他会中断治疗，或勉强继续治疗，心里期盼着证明自己的了不起，让我们后悔。无论我们是追捧他，还是怠慢他，都不能起到帮助他的效果：我们应当向他展示一个人对自己的伙伴所怀有的关爱，没有什么东西比关爱更真实更客观的了。我们应当跟他联手起来，发现自己的问题所在，这样做既是为他好，也是为了他人的幸福。如果怀着这样的目标，一系列的风险就会远离我们，这些风险包括：激发病人的"移情"，假装他是一位权威人士，或把他置于一种不独立、不负责任的处境之下。

在所有的心理表现形式之中，最有启示性的形式就是一个人的早期记忆。**他的记忆是他随身携带的提示器**，不断地提醒他自己有什么局限，以及周边环境的意义。世界上不存在"随机记忆"，也就是在一个人所遭遇过的难以计数的万千印象之中，他选择记住的只是他所感受到的那种对他的情状发生一定影响的事物，尽管这样的感受有时候会非常模糊。因此，他的记忆就代表了"我的生活故事"，他不断地向自己重复这个故事，故事里的以往经历要么在警示他，要么在安慰他，要么使他专注于自己的目标，要么帮助他酝酿适当的精神状态，以一种经过测试的行动方式去迎接未来。

记忆的用处就是把我们在平日的行为举止里司空见惯的情绪固定化了。假如一个人遭受到了挫折，或者精神上受到了失败的打击，他就立刻会唤起先前的失败情景。如果他的情绪悲伤，他的一切记忆都是悲伤的。如果他的情绪是高涨的、勇敢无畏的，他就会选择其他种类的记忆；如果他回忆起来的都是欢乐的事件，就足以证明他此时充满了乐观。同样的，如果他感到自己眼下遇到了困难，他召唤起来的记忆就能够帮助他酝酿出应对该困难的适当的精神状态。因此记忆往往服务着和梦一样的目的。

很多人在作出重大决定的前夜，会梦见他们成功地通过了考试。他们将自己的决定视为一场测验，努力重建他们之前成功地通过考试的那种精神状态。在个人的生活方式框架之中，对于各种精神状态产生有效影响的东西，也同样会在他的精神状态的总体性结构和平衡中发生效应。如果一个忧郁症患者回想起自己的美好时光和成功的往事，他的忧郁是不可能持续的。他平日里一定是这样对自己说的："我这一生真是不幸。"于是他选择的场景无一例外地都被他诠释成为他不幸命运的样例。记忆不可能跟自己的生活方式发生南辕北辙式的矛盾。如果一个人追求优越的目标要求他产生这样的感受："别人总是在羞辱我"，他就会选择性地记取他能解释为羞辱性质的事件。如果他的生活方式有了变化，他的记忆也会随之改变，他会记起不同的事件，或者他会对他记忆中的事件进行别样的解释。

早期记忆有着非常特别的意义。

首先来说，它们展示了生活方式的原初形态，而且是以该生活方式的最简单的表现形式来展示的。我们从早期记忆里判断一个孩子是受到了父母的溺爱还是忽视，孩子在社会合作能力方面的训练达到了多高的程度，他喜欢跟谁共处，他面临着哪些困难，他又是怎样跟这些困难抗争的。

如果一个孩子视力不佳，他训练自己努力地看清楚事物，那么在他的早期记忆中我们就能够发现那种具有视觉特征的印象。他的回忆讲述会这样开头："我四下里观瞧……"，或者他会描述色彩和形状。如果一个孩子有运动方面的困难，但他又特别渴望行走、奔跑或跳跃，那么他的记忆会显示出这样的兴趣。来自孩提时代的记忆总是和一个人的主要兴趣十分贴近，如果我们了解了一个人的主要兴趣，我们就了解了他的目标和生活方式。早期记忆因此在一个人的职业引导方面具有如此不同凡响的价值。

当然，我们从中还可以发现孩子跟他的母亲、跟他的父亲以及跟家庭其他成员的关系。早期记忆准确与否相对来说无关紧要，其最大的价值在于它们代表了一个人的判断："小时候我就是这样的人，现在还是这样"，或者，"小时候我就发现世界是这个样子的"。

最具启发性的，是一个人开始故事的方式，这个故事当然是他能回忆起来的最早的事件。**最早的记忆显示了一个人基本的生活观念，也是他的人生态度的第一次恰当的具体呈现**。它给我们提供了一个绝佳的机会，使我们一眼就能看出这个人为自己的成长发展所选择的起点。

如果事先没有问询过一个人的早期记忆，我是不会调查这个人的个性的。有的时候人们回答不出，或者他们声称自己并不知道哪件事情发生在先，但这本身已经能够说明问题了。我们可以推测，他们是不想讨论那些事情的基本意义，而且他们也没有合作的准备。

通常而言，人们还是非常乐意讨论他们最早的记忆的。他们只是把这些记忆当作了纯粹的事实，而没有意识到记忆背后隐藏的意义。很少有人能够理解一段早期的记忆，而大多数人却能够通过他们的早期记忆，以一种非常中性且并不尴尬的方式说出他们在生活里图的是什么，他们与其他人的关系，以及他们对于周边环境的看法。早期记忆里的另一个有趣之处在于，它们的高度浓缩和简单化形态使我们很方便把它们用于群体调查。我们可以邀请学校里一个班级的孩子写下他们能回想起来的最早的事件，如果我们知道如何解释它们，那么我们就对每个孩子的认识拥有了最有价值的概念。

为了能把问题说得更清楚，让我举几个早期记忆的例子并尽量诠释它们。关于这些当事人,我所了解的只有他们讲述的早期记忆,而他们本人的其他情况我一无所知,我甚至不知道他们是孩子还是成人。我们在他们的早期记忆里所发现的意义肯定要接受他们个性的其他表现形式的检验,不过我们可以把它们拿来当作一场演习来推测,从而也能强化我们的猜测能力。我们将会知道哪些事情猜对了,我们也能够将一段记忆跟另一段记忆进行比对。在特别的情况下我们能看到当事人有没有朝着合作方向进行自我训练的努力,或者干脆就很排斥合作,我们还可能看到当事人是希望得到帮助、关注还是希望独立自主,不假外求,以及他是否愿意付出,还是只热衷于索取。

案例一:"因为我的妹妹……"留神在早期记忆的环境下出现的人物,这一点极其重要。现在一个妹妹出现了,我们有很大的把握说,妹妹的存在对当事人的感觉影响很大。妹妹在其他孩子的成长道路上撒下了一道阴影。通常来说,我们会发现在两个孩子当中有一种对抗的关系,仿佛两个人在进行一场赛事的竞争,我们能够理解,这样一种对抗的关系会给孩子的成长发展增加障碍。一个孩子如果满脑子都是对抗意识,他就不能够把他的兴趣点延伸到其他人那里,哪怕他与竞争对手以友谊关系进行合作。不过我们还不能仓促得出结论,这两个孩子兴许是好朋友呢。

"因为我的妹妹和我是家中最小的孩子,父母不允许我出门,直到妹妹长大才行。"此刻这种对抗关系已经很明显了。

我的妹妹妨碍了我！她年龄小，我不得不等她长大了才能出门。她对我的限制太大了！如果这就是这段记忆的真实含义，我们猜测，这位男孩或女孩的感受是："如果有谁限制我，阻碍我的自由发展，就是我一生中最大的危险。"也许写下这段话的是个女孩子。男孩子被拦着不让出门，直到妹妹到了上学年龄，生活当中似乎不太可能有这种事情发生。

"于是，我们在同一天开始上学。"处在这个女孩子的角度看，这实在不是最佳的教育途径。这种做法很可能给她制造了这样的印象：因为她年龄大，所以她必须停下来等妹妹。无论如何我们看到这个特别的女孩子已经在用这种意义来诠释这段记忆了。她觉得自己受到了怠慢，而妹妹受到了偏爱。她想指责制造了这种不平等待遇的人，有可能这个应被指责的人就是她的母亲。假如她的情感更多地偏向她的父亲，并想方设法得到父亲的偏爱，我们倒是无需惊讶的。

"我记得很清楚，我们上学的第一天，母亲到处跟人说她是多么孤独。她说：'那天下午我好几次跑到大门外面去看看女儿们回来没有。我担心她们再也不会回来了。'"这是母亲的描述，从该描述来看，这位母亲的举动不是十分聪明。这是母亲在女儿心目中的形象。"担心我们再也不会回来了。"——母亲显然非常慈爱，孩子们也知道母亲疼爱自己，但与此同时母亲又充满了焦虑和紧张的情绪。如果我们有机会跟那位女孩对话，她一定会告诉我们更多的母亲偏爱妹妹的细节。

《钢琴课》 [法]亨利·马蒂斯 1923

这种偏爱不至于让我们感到惊讶，因为最小的孩子总是最受宠爱的。从这段早期记忆的总体来看，我可以推论两姐妹的那个姐姐感受到来自妹妹的挑战压力。在今后的生活中我们相信还能找到嫉妒和害怕竞争的痕迹。假如她不喜欢比自己年轻的女人，这将毫不令人奇怪。有些人终其一生都觉得自己太老，也有很多生性嫉妒的女人面对比她们年轻的女性感到低她们一等。

案例二："我最早的记忆是我祖父的葬礼，那时候我才三岁。"一个女孩这样写道。她对于死亡这件事印象深刻。这意味着什么呢？她把死亡看作是生命之中最大的不安全因素和最大的危险。她从她童年时代发生的事件中悟出了一个道理，"祖父是会死的。"我们大致可以猜测她祖父特别喜欢她，而且还把她宠得不行。祖父母们差不多总是很溺爱他们的孙辈，他们对孩子们的责任意识比起父母们少了很多，他们常常希望把孩子带在身边，以证明自己依旧能得到孩子们的爱戴。在我们的文化当中，要使老人们确信自己的价值不是件容易的事，有时候他们会选择通过一些简便的方法来寻求这种肯定，比如发牢骚。在这个案例中，我们认为这位祖父在孩子还在婴儿阶段的时候就开始宠溺她，正是老人的溺爱在孩子的记忆里留下了极为深刻的影响，当老人去世的时候，她就感受到了很大的打击，因为她永远地失去了一位臣民和盟友。

"我记得非常清楚，那时候我看见他躺在棺材里，僵硬不动，面色苍白。"我不敢确定让一个三岁的孩子看见一个死去的人是不是明智的做法，最起码在这样做之前应该让孩子事先有个心理准备。经常有孩子对我讲，他们亲眼目睹某某人死了，给他们留下了至为深刻的印象，想忘也忘不掉。这个女孩子就没法忘掉。这样的孩子会积极努力地抗拒甚至超越死亡的危险。往往他们的理想就是要成为一名医生。他们感觉作为一名医生能够比常人更好地与死亡作斗争。如果我们向一位医生问起他的最早记忆，他说出来的内容时常会带有关于死亡的记忆。"躺在棺材里，僵硬不动，面色苍白"。——这是一段视觉内容的记忆。也许这个女孩子是个视觉优先型的人，她喜欢用眼睛观看世界。

"棺材运到了坟地前，棺体被放到坑里去了。我记得捆扎的带子从粗糙的棺材底下被抽拉了上来。"这段话向我们讲述的还是她的双眼所见，这就证实了我们刚才的猜测：她是个视觉优先的人。"经过了这件事，后来再有谁提到我的亲戚、朋友或者熟人去了另一个世界，就让我感到深深的恐惧。"

又是死亡给她留下的至深印象。如果我有机会跟她讲话，我会问："你长大以后想做什么呢？"她的回答很可能是"医生"。如果她不作回答，或者回避我的问题，我就会跟她建议说："你愿不愿意当一名医生或护士？"当她说到"另一个世界"的时候，我们能够看出这是对死亡恐惧的一种补偿。如果我们把她的记忆作为一个整体来考察，可以得出以下结论：

她的祖父对她非常好；她是个视觉优先型的人；死亡在她的意识中占据了很重要的位置。她从生活中感受到的意义是："我们每个人都是会死的。"这毫无疑问是正确的，虽说不是每个人都同等程度地重视这个问题，好在有足够多的其他事情可以让我们投入关注。

案例三："在我三岁那年，我的父亲……"叙事的一开始，女孩子的父亲就出现了。我们推断这个女孩喜欢父亲比喜欢母亲更多一些。喜欢父亲通常发生在孩子生长发育的第二个阶段。起先孩子总是更喜欢母亲，因为孩子在一两岁的时候跟母亲的关系是非常亲密的，他需要母亲也依恋母亲，孩子所有的心灵活动都与母亲紧密相连。如果孩子的心向着父亲，那么做母亲的就失败了。说这番话的孩子对自己的处境不怎么满意，通常来说都是因为弟弟或妹妹降生的缘故。如果这段记忆告诉我们真的有一个弟弟或妹妹，我们的猜测就被核实了。

"我的父亲给我们买了一对小马驹。"果然这个家里不止一个孩子，我们很想了解那另一个孩子怎么样。"他牵着缰绳，把两匹小马驹带回了家。我姐姐比我大了三岁……"我们不得不纠正我们的解读。我们原来以为这个女孩是家中的长女，没想到她是个妹妹。也许她的姐姐很得她母亲的偏爱，出于这个原因，这个女孩才讲到了她的父亲，以及作为礼物的那两匹小马驹。

"我姐姐拽着缰绳,骑着她的小马得意洋洋地走在大街上。"这是她姐姐的一次胜利。"我自己的小马追在另一匹马的身后,它跑得太快,我受不住了。"——她姐姐走在前头就带来了这样的后果!——"马驮着我一路向前跑,我终于脸朝下跌倒在地上,原本在希望中非常体面的一件事到头来却这么丢脸地收场。"姐姐胜利了,她赢得了一分。我们基本上可以确定这个女孩子的言外之意:"只要我一不小心,我的姐姐就总是会胜过我。我总是输给她,我总是摔倒在泥地里。要想获得安全唯一的办法就是成为第一。"于是我们能够理解,姐姐的胜利赢得了母亲的偏爱,我们也理解为什么妹妹的关注点转向了父亲。

"后来我成了一个出色的女骑手,超过了我的姐姐,然而却丝毫不能削减那次失败给我带来的心理阴影。"我们的所有推想此时被证实了。我们可以看出两姐妹之间存在的一场竞赛。妹妹觉得:"我总是落后,我必须迎头赶上。我必须胜过所有的对手。"这种类型的人我曾经描述过,通常是家里的老二,或者是最小的孩子,他们总是给自己设定一个强大的竞争对手,并总是试图超过该对手。这位女孩的这段记忆强化了她的这一态度。这段记忆对她说:"如果有谁超过了我,那我就危险了。我必须永远保持第一。"

案例四:"我最早的记忆是我大姐带着我去参加聚会或其他的社交活动,在我刚出生的时候,我大姐已经十八岁了。"

在这个女孩的记忆中,她是社会的一分子,也许从这段记忆中我们能够发现她比其他人具有更高的合作程度。她的大姐比她年长十八岁,部分地承担了母亲的角色。她是这个家庭里面宠爱她最厉害的成员,但是她似乎也以一种非常高明的方式扩大了这个孩子对其他人的关注兴趣。

"在我出生之前,我家里已经有了四个男孩,大姐是唯一的女孩,她很自然地拿我炫耀。"这句话听上去就不像我们之前想的那么美妙了。如果一个孩子感觉被"炫耀"了,按道理他应该关注自己是如何被欣赏,而不是想到自己如何受累付出。"于是在我还很小的时候,她就带着我四处走动。关于这些聚会我唯一能记得起来的事情就是我被不断地催促着说点什么,'告诉这位女士你叫什么名字'诸如此类的。"这是个错误的教育方法——这个女孩如果口吃或者语言表达有困难,就不值得奇怪。如果孩子口吃,通常是因为太急于展示他的开口说话能力,大人没有教育孩子自然地、不是刻意地与其他人交流,而是教他要有自我意识,寻求赞赏。

《蹲着的人》 [奥]埃贡·席勒 1912

"我还记得我那时如果什么也不说,
回到家后就免不了一场责骂,
于是我就开始讨厌外出,
不喜欢跟人聚会。"

我们的解读必须作颠覆性的修正了。现在我们可以听出这段早期记忆的弦外之音:"大姐带着我去跟其他人接触,可是我发现这一点也不好玩。就因为这些经历,从那以后我就很讨厌这种合作交往。"我们可以预料,直到现在她都不喜欢和人打交道,可以预料她和别人在一起的时候是多么尴尬局促,坐立不安,她会认为抛头露面实在是出于迫不得已,这个要求对她而言稍许过分了。为此她也错失了训练自己与伙伴从容平等相处的机会。

案例五:"我小时候发生过一件大事,留下的印象特别深刻。那时候我大概四岁,我的曾祖母来看我们。"我们已经发现祖母通常都很宠爱她的孙辈:不过还没有体会过曾祖母会怎样对待孩子们。"乘着她过来做客的机会,我们拍了一张四代同堂的合影。"看样子这个女孩对自己的家谱还是很感兴趣的。曾祖母的到访以及拍过的照片她能记得这么清楚,我们大约可以得出结论,她非常在意她的家族。如果我们的猜测没有错误,我们也许会看到她的合作能力并不超出她的家族范围。

"我记得很清楚,当时我们开车去了另一个市镇,到了摄影师那里,大人们给我换了一条白色镶边的裙子。"这个女孩子可能也是一个视觉优先类型的人。

"在拍四代同堂大合影之前,先拍了一张我和我弟弟的合影。"我们再一次与她对家庭的兴趣相遇,她的弟弟是家庭的一个成员,我们很可能听到更多她跟弟弟之间的事情。"大人把弟弟抱到椅子的扶手上,挨在我旁边,还让他拿着一个亮闪闪的红色的球。"她回忆起来的又是跟视觉相关的东西。"我站在椅子旁边,什么东西也没有给我拿。"这时候我们看到了这个女孩子的主要追求点是什么了。她在提醒自己,弟弟比她更受宠爱。我们猜想,当她的弟弟出生,夺走了本来属于她的家中年龄最小的孩子的地位,也是最受宠的地位,这让她感到很不舒服。"他们要我们笑一个,"她说,"他们使劲地逗我笑,可我怎么能笑得出来?他们把弟弟抱到了宝座上,还给了他一个亮闪闪的红球,可是他们给了我什么?"

"四代同堂的照片冲洗出来了。每个人都努力地摆出了最开心的样子,除了我之外。我笑不出来。"她在向她的家庭表示抗议,因为家里人对她不够好。在这段早期记忆中,她没有忘记告诉我们她的家庭是怎样对待她的。"大人们要弟弟笑,他笑得非常灿烂。他非常乖巧。到今天我都很讨厌人家给我照相。"这种类型的记忆给了我们一个很好的启示去了解大多数人是怎样对待生活的。我们从一件事情中得出了印象之后,总是用这种印象去解释整个一系列的事情。我们从中得出若干结论,仿佛这些结论是板上钉钉的事实。拍这张照片的时候,她非常不高兴,这是再明显不过的了。直到现在她都讨厌照相。

《剧装》 [瑞典] 佩尔·奥伯格

我们还有一个普遍的发现：一个人在厌恶某件事的时候，总会尽量地为这种反感找出某种理由，从他以往的经历提取某些因素来承担为这种厌恶情绪辩解的全部责任。这段早期记忆给了我们两条主要线索来帮助我们了解本段文字书写者的个性。其一，她是个视觉优先型的人；其二，更重要的是，她非常眷恋自己的家。这段早期记忆的全部事态都是局限在家庭范围内的。很可能她也不太适应社会生活。

案例六："我写下来的是我的早期记忆之一，可能算不上最早，那是我大概三岁半时候发生的事。一个受雇于我父母的姑娘带着我和我的表弟到了地窖里面，还给我们尝了尝苹果酒的味道。我们非常喜欢。"发现自己家里有地窖，地窖里还藏着苹果酒，真是一次有趣的经历。这是一条探险之路。如果必须现在要下结论的话，我们大致可以作两个猜测。也许这个女孩子喜欢到新的环境下闯荡，她对于生活的态度是充满了勇气的；或者正好相反，她觉得有些人的意志非常强大，他们有能力引诱我们，把我们带到邪路上去。后面的记述内容将有助于我们作出判断。"不久之后，我们决定再去尝试一次，于是这一回我们自己行动了。"真是一个有勇气的女孩子，她渴望独立。"一下地窖我的两腿就动不了了，我们让苹果酒流了一地，整个地窖一片泽国。"从这里，我们看到一个禁酒主义者是怎样诞生的了！

"我不知道这起事件是不是跟我厌恶苹果酒、讨厌其他各种蒸馏饮料有关。"又是因为一件小事情促使一个人对待生活的整个态度起了变化。如果我们只用常识来考虑这个问题，我们就会认为这一件事还不足以导向这样的后果。而这个女孩子却暗暗地将之视为她讨厌蒸馏饮料的充分理由。也许我们可以认为她是一个懂得如何从自己的错误当中获得教益的人。也许她真的很独立，很乐意修正错误。这个特征也许可以概括她整个的一生。仿佛她说了这样的话："我会犯错误，一旦我认识到那是错误我会修正过来。"假如确实如此，她就是很不错的人：积极、奋进、有胆气，努力改善自己的处境，总是寻找最佳的生活道路。

以上所举的案例中，我们所做的无非是对我们猜测能力的训练，在我们有把握地断定结论是对是错之前，我们还需要参看这些人个性的其他诸多表现。现在让我们从实际生活中再来采集几个事例，从这些事例中可以看出，当事人的个性特征的所有表现都是融贯一致的。

一个三十五岁的男子患有焦虑性神经症，他一离开家就会感到焦虑。他一而再地被迫去找一份工作，可是只要他一走进办公室，就会整天唉声叹气，直到晚上回到家里和母亲待在一起心里才会踏实。当我们问起他的最初记忆时，他是这样说的："我记得我四岁那年，有一次我在家里紧挨着窗户往外看着大街，街上有许许多多的人在忙着各自的事情，我觉得很有趣。"他喜欢看别人做事，他自己却只想坐在窗户边看他们做事。如果要想改变他的状况，我们只能做一件事，那就是说服他丢弃那种他不能和其他人合作的观念。从小到大他都以为他唯一的生活之道就是由别人来供养他。我们必须把他的这个观念整个地扭转过来。但是如果一味地指斥他是没有用的，我们也无法通过药物手段或者腺体提取物达到说服他的目的。不过，他的早期记忆却为我们找到他所感兴趣的工作减轻了难度。他的主要兴趣在于观看，我们还发现他有近视的毛病，正是由于这个缺陷，他对于可视的物体付出了更多的注意力。等到他不得不解决职业问题的时候，他想的仍旧是继续观看，而不是工作，但这两者并非是不可调和的矛盾。

在他接受治疗的时候，我们找到了一项跟他的这个强烈兴趣非常协调的职业。他开了一家艺术品商店，如此他就尽己所能地为我们的社会劳动分工作出了自己的贡献。

一位三十二岁的男子找我们寻求治疗，他患有严重的失语症。他无法正常说话，只能轻声低语，这种情况已经持续了两年。该病症起因于他有一天踩在香蕉皮上滑了一跤，接着撞倒在出租车的窗玻璃上。他呕吐了两天，从那以后就落下了偏头痛的毛病。毫无疑问他得了脑震荡，但是自此以后他的咽喉组织并没有发生什么变化，脑震荡还不足以解释他为什么说不了话了。整整八个星期他完全处于失语状态。现在他的情况已经演变成了司法案件，还没有审理结束。他把事件的责任全部归咎为出租车司机，向出租车公司索求赔付。我们能理解，如果他能拿出某种伤残的证据，他在诉讼中的胜算就会大得多。我们不是想说他不诚实，他的确没有正常说话的动力。也许他在经受那次惊吓之后，说话变得很困难，也许他的确不知道有什么理由需要作出改变。

这位病人找过一位喉科专家问诊，可是专家也查不出病因。当我们向他问起最初记忆的时候，他是这样说的："我仰卧在摇篮里，我记得亲眼看见吊钩脱落，摇篮就掉了下来，我被摔得很厉害。"没有人喜欢摔落，可是这个男人却过分强调他掉了下来。他的专注都集中在掉落的危险上，这是他着重的关注点。"在我掉下来的时候，门开了，母亲进屋来，吓了一大跳。"由于这一摔，他赢得了母亲的注意，但是这段记忆也是一种指责，——"她没有把我照顾好"。同样地，出租车司机连同雇佣他的那家公司也是有过错的。所有那些人都没有尽到充分责任照顾好他。

这就是一个被宠坏的孩子的生活方式：过错都是别人的。接下来的记忆讲述的是同样的故事。"五岁那年，我从二十英尺高的地方摔落下来，头上还压了一块很重的木板。整整五分钟的时间，甚至更长，我都说不出话来。"这个男人对于语言输出障碍已经是驾轻就熟了。他在这方面训练有素，经常把摔倒在地这样的事情当作拒绝说话的理由。在我们看来，这还构不成语言输出障碍的理由，可他似乎就是这样认为的。

对于这一套他的经验相当丰富。此刻，他摔倒了，语言输出障碍的话剧自动上演。他必须明白自己的错误——他的摔倒和语言输出障碍之间没有任何联系，尤其是在那场交通事故之后，他没必要故意低语了整整两年——否则他的病无法治愈。他的记忆告诉我们为什么他很难理解自己的错误。"我的母亲冲了出来，"他继续讲，"看上去情绪很激动。"在这段记忆中，他摔倒在地把母亲大大地惊吓了一场，吸引了她对他的关注。他过去是一个希望被宠爱的孩子，希望成为被关注的中心。于是我们明白了他希望为自己的不幸得到怎样的赔偿。别的被惯坏的孩子碰到同样的情况也会作出类似的反应。不过，他们恐怕不太可能选择语言输出障碍这样的手段。失语是我们这位病人的独有标志，也是他从自己的经历中构建起来的生活方式的一部分。

一位二十六岁的青年男子找到我，抱怨说他找不到一份令他满意的工作。八年之前他在父亲的安排下去了一家经纪公司上班，但是他一点都不喜欢这份工作，不久前他辞职了。他试图找其他的工作，可是没有能够如愿。他还抱怨自己患有失眠症，常常有自杀的念头。他辞去经纪公司的那份工作就离开了家，在另一个镇上找到了一份差事，后来他收到了一封信，信中告诉他母亲生病了，他就只好回家仍旧和家人生活在一起。

从这段故事中我们已经开始怀疑他小时候被母亲宠坏了，

父亲对他施加过家长的威严。我们或许还可以说他的生活就是反抗父亲严格教育的一场斗争。接下来我问他在家中处于一个什么样的地位。他回答说他是家中最小的孩子，还是唯一的男孩。他有两个姐姐，大姐经常对他颐指气使，二姐也好不到哪里去。父亲总是喋喋不休地指责他，让他深深感到家里所有的人都可以宰制他。只有母亲是他唯一的朋友。

直到十四岁他才开始上学。后来他父亲把他送进了一所农校，这样他就可以在自己打算购置的农场上给自己帮忙。这孩子在学校里的表现相当不错，但是他却下了决心将来不做农民。于是他的父亲就找了一家经纪公司给他谋了职位。令人惊异的是他在这家公司里坚持工作了八年，然而他给出的原因却是他想尽可能多为母亲做点事。

小的时候他不爱干净，胆小怕黑，不敢一个人待在家里。如果我们听说有哪个孩子不爱干净，一般而言总会看到有人跟在他后面帮他收拾。如果我们听说哪个孩子怕黑，不敢一个人待在家里，那么我们也总会发现他会引起某人的注意，这个人就会过来安慰他。现在出现在这位年轻人身边的人，就是他的母亲。他觉得跟别人交朋友很不容易，然而在陌生人之中却又感觉自己挺合群，他对恋爱不感兴趣，从未想过要结婚。他看到自己父母的婚姻就是不幸福的，这就帮助我们理解为什么他那么排斥婚姻。

他的父亲还在对他施加压力，要求他回经纪公司继续干下去。他自己却想从事广告行业，不过他也明白他家里不会资助他实现自己的抱负。在每一个关节点上，我们都可以看出来他的行动目的在于对抗自己的父亲。他在经纪公司上班的时候已经能够独立维持自己的生活，但他当时却没有想过用自己挣来的钱去学习广告业务。此刻他想起来要这样行动了，这算是对父亲提出的新要求。

他的早期记忆再明显不过地呈现出了一个被溺爱的孩子是如何反抗一个严厉的父亲的。他记得他曾经在父亲的餐馆里干活。他喜欢洗盘子，还把盘子从这张桌子换到另一张桌子。他玩盘子的举动激怒了父亲，父亲当着众多食客的面狠狠打了儿子的脸。在他看来，早年的这段经历就足以证明父亲是敌人，他这辈子就必须和父亲战斗。所以他至今没有工作的诚意。只有当他对父亲造成了伤害，他才能感到心满意足。

他想自杀的念头很容易解释。每一个自杀行为都是一种抱怨，在想到自杀的时候他是在说："错误全在父亲身上。"他对自己职业的不满也投射给了父亲。父亲构思的任何计划，儿子都会反对，然而他又是一个被溺爱的孩子，自己的事业不能独立。他并没有工作的诚意，他只想玩，好在他和母亲还保持了些许的合作。不过，他和父亲的斗争如何解释他的失眠症呢？

如果他头天晚上失眠，第二天他工作的精神状态就很差。他的父亲等着他去上班，可是这孩子却是浑身疲惫无法工作。

当然他本来可以直说："我不想工作，我也不喜欢被人强迫。"但是他毕竟对母亲还怀着挂念，家里的经济状况也不容乐观。假如他执意拒绝工作，他的家人会觉得他是个没有希望的人，从此不再供养他。所以他不得不找一个托词，这个托词他找到了，就是表面看起来是意料之外的不幸——失眠。

一开始他声称自己从不做梦，到后来他回忆起了他经常重复做的一个梦。他梦见有人在往墙上扔球，那个球触墙后就弹开了。这似乎是一个没有什么特别意义的梦。我们能在这个梦和他的生活方式之间找到某种勾连吗？我们问他："然后呢？那个球弹开了你有什么感觉？"他告诉我们："只要球一弹开，我就醒了。"现在他自己道出了他的失眠症的整个架构。他把这个梦当作了唤醒他的闹钟。在他的想象中，每个人都在把他往前推，推搡着他，强迫着他去做他不愿意做的事情。他梦见了有人在往墙上扔球，在这个时候他醒来了；结果他第二天就疲惫不堪，疲惫不堪就没法正常工作；他的父亲又非常焦急地期待他去工作；于是通过这样一个迂回的办法他就战胜了父亲。假如我们孤立地看待他和他父亲的斗争，我们必须承认他能想到使用这种武器克敌制胜还是很高明的。然而，无论是对于他本人还是对于其他人，他的这种生活方式都是不能令人满意的，我们必须帮助他作出改变。

我给他解释了这个梦，自那以后他就不再做梦了，可是他又告诉我他还是会在半夜里醒来。

133

《秘密生活》 ［比利时］勒内·马格利特 1928

他梦见有人在往墙上扔球，
那个球触墙后就弹开了。
这似乎是一个没有什么特别意义的梦。
我们能在这个梦和他的生活方式之间
找到某种勾连吗？

他已经没有勇气再继续以前的那个梦,因为他明白梦的意图已经被看穿了,然而第二天他还是精疲力竭。我们怎么才能帮助他呢?唯一可能的方法就只能是让他和父亲和解了。只要他的全部精力都用在激怒父亲和打败父亲上面,事情就不可能回到正轨上来。

我就按照我们一贯的开场做法,一开始就承认这位病人的态度是有其正当理由的。"看起来,您的父亲是完全错误的",我说,"一直以来他用父亲的威权来逼迫你就范是非常不明智的做法。也许他是个病人需要治疗。不过您该做些什么呢?您不能指望去改变他。比方说现在正在下雨,您能做什么?您应该拿一把伞或者打一辆出租车避雨,要是您想着去跟雨天斗争,去制服它,能有什么结果呢?可现在您就是在用您的宝贵时间跟雨天战斗。您认为这就是您力量的体现,您还认为您取得了上风。可实际上呢,您的胜利打击最大的人不是别人,正是您自己。"我把他的所有表现之间的关联一一说明给他看——他对自己事业的犹豫不决、他的自杀念头、他逃离家庭的行为、他的失眠。我向他说明了,所有这些意在报复他父亲的行为到头来都是在折磨自己。

我又给他提了一条建议:"晚上睡觉的时候,想象一下您半夜里时不时地醒过来,第二天您十分疲惫。想象一下您疲惫得没法正常工作,把您的父亲气得火冒三丈。"我希望他面对现实。他脑子里琢磨的主要事情就是惹父亲生气,伤害他父亲。如果我们不能成功地阻止他的这种斗争,治疗就会以失败告终。他是一个被宠坏的孩子。我们都看得明白,现在他自己也明白了。

这种情况与所谓的"俄狄浦斯情结"高度相似。这个小伙子满脑子盘算着怎么折磨父亲,他对自己的母亲十分依恋。然而这跟性没有什么关系。他的母亲宠坏了他,他的父亲又有点不近人情。他吃亏在没有受到正确的教育,又错误地理解了自己的处境。他的困境跟遗传无关,他这样的行为不是出于一种类似于野蛮人杀死并食用部落首领的那种本能,而是从自己的经历中自己造就出来的。这样的态度可能在每一个小孩身上一而再地被激发出来。只要那个小孩的母亲像这位母亲一样溺爱孩子,小孩的父亲像这位父亲一样严苛。假如孩子愤而反抗自己的父亲,同时又不具备独立解决问题的能力,那么采取这样的生活方式就是非常容易理解的事了。

《梦》 [法] 亨利·马蒂斯 1940

5

梦

梦是头脑创造性活动的一部分,
假如我们能探索出人们对于梦抱有何种期待,
那么我们离参破梦的意图这一目标就非常接近了。

梦

每个人都会做梦，但是真正理解自己所做的梦的人却是少之又少。这种现象恐怕挺令人奇怪的。

梦是人类头脑的一种普遍活动。人们一直对梦很感兴趣，也一直绞尽脑汁想解开梦的谜团。很多人感到他们做的梦是含有深意的：他们感到梦真是既古怪又重要。我们可以发现这种兴趣在人类最早的历史时期就表现出来了。诚然，总的来说，人们在做梦的时候对于自己在干什么还是没有概念的，或者说完全不清楚自己为什么会做梦。据我所知，目前只有两种释梦的理论还算具有全面性和科学性。这两大流派声称他们理解并能够阐释梦，他们就是个体心理学学派和弗洛伊德的精神分析学派。在这两大派别中，或许只有个体心理学家有资格说他们的解释是与常识完全吻合的。

之前人们多次尝试对梦作出的解析虽然不够科学，但还是值得思考的。至少这些尝试让我们看到了这些人是怎样看待他们的梦的，以及他们对梦所持有的态度。因为梦是头脑创造性活动的一部分，假如我们能探索出人们对于梦抱有何种期待，那么我们离参破梦的意图这一目标就非常接近了。

探索一开始，我们就发现了一个引人注目的事实。人们似乎普遍地理所当然地认为，梦对未来是会发生某种影响的。人们常常感到在梦里有某个精灵大师、某个神灵或者先祖能够占据他们的头脑并且影响他们。每当他们遇到困境，他们就可以通过做梦得到指引。古老的解梦书有很多讲解，内容就是梦对做梦者预示着什么样的未来命运。原始人为他们做过的梦寻找各种征兆和预示。希腊人和埃及人会求助于神庙，希望能做一个神圣的梦来影响他们未来的生活。这种梦被看作是治愈性质的，用来解除生理或者心理上的疾病。

美洲印第安人煞费苦心地采取各种手段，诸如涤罪、斋戒和发汗浴，希望以此来引梦，并且根据他们接受的解释来行动。在《旧约》中，梦通常被解释为对未来事件的预言。直到今天，依然有不少人声称自己做过的梦后来化作了现实。他们相信在梦里他们有洞察千里的本事，相信梦会以某种方式延伸到未来，并且还会预示将要发生的事。

从科学的立场来看，这些想法依我们之见是挺荒谬的。在我最早尝试着解决梦的问题的时候，我就已经认识到，相比于一个清醒的、能够更好地支配自己能力的人来说，做梦的人在预见未来这件事上很明显地处于不利的地位。

似乎梦不太可能比日常思维更明智，更具有前瞻性，而只是更糊涂，更令人费解。然而传统所认为的梦与未来具有某种联系的那种观点还是应当引起我们的注意，也许我们会发现，在某种意义上说这个观点未必是全错的。从正确的视角来考察它，或许还能给我们提供被我们错失的关键线索。我们已经看到，人们一贯认为梦可以给他们提供解决问题的方法。

我们可以得出结论说，个人做梦的意图是为了给未来寻找引导。这绝不是说梦有未卜先知的功能。我们需要思考的是人们搜寻的是什么样的解决方法，以及他们希望从哪里得到该方法。尽管如此，相比于运用常识面对整个事态思考得来的办法，从梦中得出的解决办法是大大逊色的，仍旧是不争的事实。事实上，我们说个体希望在睡梦中解决难题并不为过。

为了把梦作为一个有意义的对象，从而让我们能够进行科学的理解，弗洛伊德的学说付出了实在的努力。然而在很多要点上，弗洛伊德对梦的解读出离了科学的范畴。比如，弗洛伊德假定头脑在白天的活动跟在夜晚的活动是存在差异的。"意识"和"无意识"被置于截然相对的立场，梦被赋予的自有的特殊法则与日常思考所遵循的法则是彼此矛盾的。无论我们在哪里遇见这类矛盾，都可以得出这样的结论：他对头脑的态度是非科学的。

在原始人群和古代哲学家的思考当中，我们总能看到这种把概念强烈地对立起来，将它们像矛盾双方那样对待的愿望。这种截然对立的态度在神经过敏的病人身上表现得尤为显著。

> 人们通常认为左和右是一对矛盾，
> 男人和女人、热和冷、
> 轻和重、强和弱也都是矛盾。

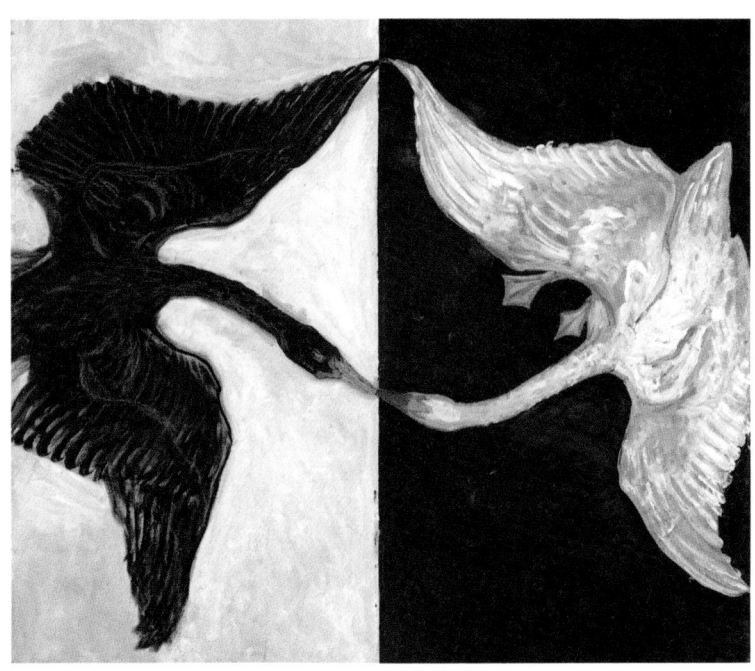

《天鹅，NO. 01,IX/SUW 组》 [瑞典]希尔玛·阿芙·克林特 1915

从科学的眼光来看，它们并非是矛盾，而是多样性。它们是尺子上的刻度，按照它们相对于某种虚构的标准的距离进行排列。同样地，好与坏、正常与反常也都不是矛盾，而是多样性。任何理论只要是把睡和醒、梦中所想和白天所想当作矛盾来处理，那就必定是非科学的。

弗洛伊德独创的学说中另一个困难要点在于把性说成是梦的背景进行解读。这一点同样是把梦错误地跟人们寻常的努力和活动分割开来。假如弗洛伊德的处理是正确的话，梦所拥有的意义就不是整个人格的表现，而只是部分人格的表现。弗洛伊德学派的信徒们发现对梦进行性的解读是不够的，弗洛伊德又称我们从梦中也能发现对死亡的无意识的强烈愿望。也许我们能找到某种意义证明此说是正确的。正如我们前面揭示的那样，梦是企图找到解决问题的简便方法的尝试，梦所显示的是个体在勇气上的缺失。

然而，弗洛伊德的术语过于含糊，它无法帮助我们更清楚地探明整个的人格是如何在梦中被折射出来的。并且，梦中的生活跟现实的生活又一次被粗暴地割裂开来了。弗洛伊德的尝试给了我们很多有趣且有价值的暗示。比方说，他暗示我们梦本身并不重要，重要的是梦的背后所隐含的想法，这条暗示是极有价值的。在个体心理学中，我们也会得出相类似的结论。精神分析所缺少的正是心理科学的要害之物——对人格连贯性的承认，和对个体所有表现的统一性的承认。

这种科学性的缺乏在弗洛伊德对梦的解析的关键问题的回答中表现得很充分，"梦的目的是什么？我们到底为了什么而做梦？"

精神分析学者的回答是，"为了满足个体不曾实现的欲望"，但是这种观点根本不能解释一切。如果没有做梦，或者忘记了梦的内容，再或者无法理解梦，请问那种满足从何谈起？所有的人都会做梦，很少有人理解自己做的梦。我们从做梦中能得到什么样的快乐？如果梦里的生活跟白天的生活是井水不犯河水的，如果梦给我们带来的满足感仅仅局限在梦的范围内，也许我们可以理解梦对于做梦者的意义何在。可是这样一来，个体人格的融贯性便不复存在。梦对于一个清醒的人来说不再有意义。

从科学的角度来看，人无论在做梦的时候还是在清醒的时候都是同一个个体，梦的意义必须同样地适用于一个融贯的人格。毋庸置疑，有这样一种类型的人，我们是可以把他在梦中为实现愿望的努力和他的整个人格联系起来的，该类型就是被宠坏的孩子，他们总是会问："我怎么才能得到满足？生活能赠予我什么？"这样类型的人有可能在梦中追求满足，如同他在其他所有表现中的做法一样。如果我们深入地考察就会发现弗洛伊德的理论所关注的对象自始至终都只是被宠坏的孩子，这些孩子觉得自己的本能是不容置疑的，而且他人的存在对自己来说是不公平的，他们总是爱问："为什么我必须爱我的邻居？我的邻居爱我吗？"精神分析学派以被惯坏的孩子为基础推出一系列的假设，然后依据这些假设作了最详尽的细节描述。但是，对满足感的追求只不过是追求优越感的千百万种表现形式之一，我们没有理由将它当作全部人格表现的核心动机。如果我们真的发现了做梦的目的，这将会有助于我们探索对梦的遗忘以及对梦的无法理解的背后隐藏着什么目的。

大约在二十五年前，在我开始着手试图发现梦的意义的时候，碰到了这个最令我困惑的问题。我发现梦并不是和清醒时候的生活截然对立的，梦其实和生活中的其他行动、表现是步调一致的。如果说，在白天我们全神贯注地向着优越感的目标努力奋斗，那么在夜晚我们仍旧会想着同样的问题。每一个人做梦都好像通过做梦的行动去完成一项任务，好像在梦中他也要完成对优越感的追求。因此梦必定是生活方式的产物，它能帮助人们建立生活方式并巩固生活方式。

接下来的思考有助于我们立刻弄清楚梦的目的是怎么一回事。我们做梦，早上醒来之后通常都会忘了做的是什么梦。什么也没有留下。但这是真的吗？什么都没有留下？其实还是有东西留下的，那就是梦所唤起的我们的感觉。梦中的图景没有留下，梦中的思忆也没有留下，残留下来的只有感觉。因此，梦的意图就应当是它们所唤起的感觉。梦只是搅动我们的感觉的手段和工具，梦的目的也就是它留下的感觉。

个体所产生的感觉必定与他的生活方式是一脉相承的。梦中所思和日间所思之间的差别不是绝对的,两者之间并没有森严的分野。它们的差别用简单的话说,就是在做梦的过程中,与现实的诸多联系被排除了,但也没有完全与现实隔断。当我们入睡的时候,我们还是在和现实发生着联系。假如我们被一些问题所困扰,我们的睡眠也会受到这些问题的干扰。在我们睡着的整个过程中,我们还是能够调整自己防止从床上摔落下来,这一事实表明在睡梦中我们与现实的联系还是存在的。

一位母亲在最嘈杂喧闹的市井环境下入睡,然而她身边的婴儿哪怕只是发出最轻微的动静她也能警醒过来。这就说明在睡梦中我们还是可以保持着和外在于我们的世界的联系的。不过,在睡着的时候,我们的感官知觉虽然还在,但已经弱化了许多,我们与现实的联系于是也减少了。做梦的时候我们都是独自一人,社会方面的要求不会再那么峻急地挤压着我们。在梦中,我们的大脑不会被刺激着去真实地应对我们周边的情状。

如果我们完全脱离紧张的感觉,或者如果我们对问题的解决有十足的把握,我们的睡眠就可能不再受到打扰。对于宁静、安稳的睡眠而言,唯一的干扰因素就是做梦。我们可以得出这样一个结论:只有在我们没有把握解决问题的时候,只有当现实一直压迫着我们,甚至在我们睡觉之际也不放过我们,还给我们制造各种困境的时候，我们才会做梦。**梦的任务就是：与白天困扰着我们的问题再度相遇，并提供一个解决办法**。现在就让我们看看我们的头脑在睡梦中是怎样向问题发动进攻的。考虑到我们不是跟整个情境打交道，问题就显得相对简单一些，解决问题的方法也就不会要求我们作出太多的调整。梦的意图是要拥护并支持自己的生活方式，并唤起与该生活方式相匹配的情感。不过，为什么生活方式需要支持呢？它会遭受什么样的攻击？它所遭受的攻击只能是来自现实和常识。这让我们明白了一条非常有趣的知见：如果个体碰到了一个问题，他又不愿意依照常识的方法去解决，那么他就有可能通过他的梦所唤起的情感来肯定自己的这一态度。

这一点初看上去似乎与我们清醒时的状态是互为矛盾的，其实它们并不矛盾。我们在清醒的时候也会在同样的方式下被激发出各种感觉。如果某人碰到一桩困难事，却不愿意动用常识应对，而是想继续他旧有的生活方式，那么他就会动用一切手段证明自己的生活方式具有正当性，并且想着让这种生活方式显得理直气壮。比如说，他的目标是轻松赚钱，钱财的得来完全不费工夫，也无需为他人作出奉献，那么赌博对他来说就是一种可能的选择。他明明知道很多人因为赌博而损失了大笔钱财，还承受了灾难，但他仍旧想不费力地发家致富。他会怎么做？他的头脑里会装满钱的各种好处。他幻想着自己通过投机手段赚得一大笔钱，买下了一辆豪车，过上了挥金如土的奢华生活，人人都知道他是个巨富之人。正是这种想象搅动起来的感觉在推着他往前走。他丢弃常识不顾，走上了赌场。在更为普通的环境下，同样的事情也会发生。假如我们正在埋头工作，这个时候有人告诉我们他刚刚看过一出戏，而且非常好看，我们就有一种停下手头工作，走进戏院的冲动。

假如一个人正在恋爱，他会为自己的未来勾勒一幅蓝图，假如这场恋爱让他非常享受，他所勾勒的蓝图就会极其美好而迷人。有的时候，如果悲观的情绪涌上心头，他对未来的想象就会变得愁云惨淡。不管怎么说，他的感觉被带动起来了，我们只要观察到他所唤起的是什么样的感觉，我们就能判断出他是怎样的人。

但是，如果一场梦结束之后，除了感觉什么也没有留下，对常识能产生什么影响呢？做梦是对常识的背叛。我们大体可以认为那些不想被感觉所欺骗的人，那些更倾向于以科学的方法做事的人，是不大会经常做梦，或者说是几乎不做梦的。而其他的人只要是远远地偏离常识，就是那种不愿意通过正常的、有效手段来解决他们问题的人。常识是合作的一面旗帜，没有受过良好合作训练的人总是很讨厌常识。这样的人做梦的频率是比较频繁的。他们热切盼望自己的生活方式旗开得胜，并且被证明是合理合法的，他们又十分希望避开现实的挑战。

《长廊》［德］奥古斯特·马克 1913

我们得出的结论是：梦就是一个人在不对自己的生活方式提出任何新的要求的前提下，想方设法在自己的生活方式与他当前面临的问题之间架设一座桥梁的尝试。

生活方式主宰着一个人的梦，它总是能够召唤起这个人所需要的情感。我们在一个人所有的其他表现行为和特征中找不到的东西，在梦中也不会找到。不管我们做梦与否，我们对于问题的处理方式都是一样的，而梦只是给我们的生活方式提供了支持和维护。

如果以上的结论是正确的，那么我们对于梦的理解就迈出了新的一步，也是最为重要的一步。在梦中我们都是在欺骗自己。每一个梦都是一场自我陶醉和自我催眠。梦的全部意图只不过是激发我们准备应对现实境况的一种情绪。我们在梦中所发现的人格和在日常生活中发现的人格是完全一样的，我们看到的人格仿佛正在头脑的工场里面酝酿着情感，以供这个人白天使用。假如我们所言不虚，我们就应该能够在梦的建构中，在梦所采用的方式之中看到自我欺骗是怎样进行的。

我们发现了什么呢？我们发现的首先是对某种画面、某些事件、某些事态的选择。我们此前提到过这种选择。一个人在回首往事的时候，他会自己制作一个画面和事件的选本。我们发现他的选择是有意向性的，他从记忆库里挑选出来的事件无一例外都能够支持他对优越感个人目标的追求。他的目标支配了他的记忆。在梦的建构之中，我们以同样的方式只选择那样一些事件——与我们生活方式相匹配的事件、当我们面临困难时表达出生活方式要求的事件。选择的意义无非就是生活方式与我们面临的困难之间的关系的意义。在梦中,生活方式要求坚持它自己的道路。为了应对困难,现实头脑会召唤常识,而生活方式却拒绝妥协。

　　梦还会采用其他什么手法呢?从最遥远的古代时期对梦的考察,到我们今天这个时代弗洛伊德所特别强调的观点,都认为梦主要是由隐喻和象征建立起来的。正如有一位心理学家所说的那样:"在梦中我们都是诗人。"

　　现在的问题是:为什么梦不用简单直白的话语言说,而要借助于诗和比喻?这是因为,假如我们像平常那样说话,不假道于隐喻或象征的手法,那就难以逃离常识了。隐喻和象征是会被滥用的。它们有可能将不同的意义联系起来,它们也可能在同一时候表述两件事情,其中有一件是错误的。从隐喻和象征当中可能得出不合逻辑的结论。但它们都是被用来激发感情的。在日常生活中我们也会碰到这种现象。比如,我们试图纠正某个人的错误行为,这个时候会说:"不要这么孩子气!"我们会问:"你为什么哭?难道你是女人吗?"在我们使用隐喻的时候,一些互不相关、仅仅是为了发泄情感的东西会悄悄地混杂进来。一个身材高大的人对一个小个子生气,他或许会说:"这家伙是个虫子,就该被踩烂。"这个隐喻对于支持他的愤怒情绪很有帮助。

隐喻是言说的奇妙工具，然而也正是隐喻常常会欺骗我们。当荷马描写希腊军队如猛狮一般横扫疆场时，他给我们描画了一幅壮丽的图景。我们总不至于认为他真的想叙述这些可怜的浑身脏兮兮的战士是如何匍匐爬行在战场上的吧？不是的，他是希望我们把他们想象为凶猛的狮子。

我们当然知道他们并非真的狮子，但是假如诗人描写这些战士是如何沉重地喘息，如何汗流浃背，如何停下脚步鼓起勇气，或者想法儿逃离危险，他们的盔甲是如何破败老旧，等等诸如此类数不清的细节，就不会给我们留下这么深刻的印象了。隐喻常常被用于美好的事物，用于想象或幻想。然而我们必须强调一点：对于那些生活方式错误的个体来说，他们对隐喻和象征的使用是充满危险的。

假设有一个学生面临着考试，问题直接摆在面前，他只需要给自己鼓劲，用常识去应对就可以了。但是如果他的生活方式是逃避，他就可能梦见自己出现在战场上。他采用了一个强化的喻体将这个显白的问题呈现出来，现在他更能够给自己的怯战找到理由了。或者他梦见自己站在悬崖边上，他必须后退，不然就会掉下深渊。

为了逃避考试，他必须给自己创造逃避考试的情感，然后他就把考试混同为万丈深渊来欺骗自己。在这个案例中，我们发现人们在梦中经常使用另一个手段，那就是把一个问题作裁剪处理，缩减又缩减，最后原来的问题只剩余一部分。他就用隐喻来表达这个剩余部分，仿佛它就等同于原来的问题。让我们再来假设另一个学生很有勇气，积极地瞭望未来，希望完成任务通过考试。不过，他也希望得到支持，希望使自己加强信心——他的生活方式要求如此。

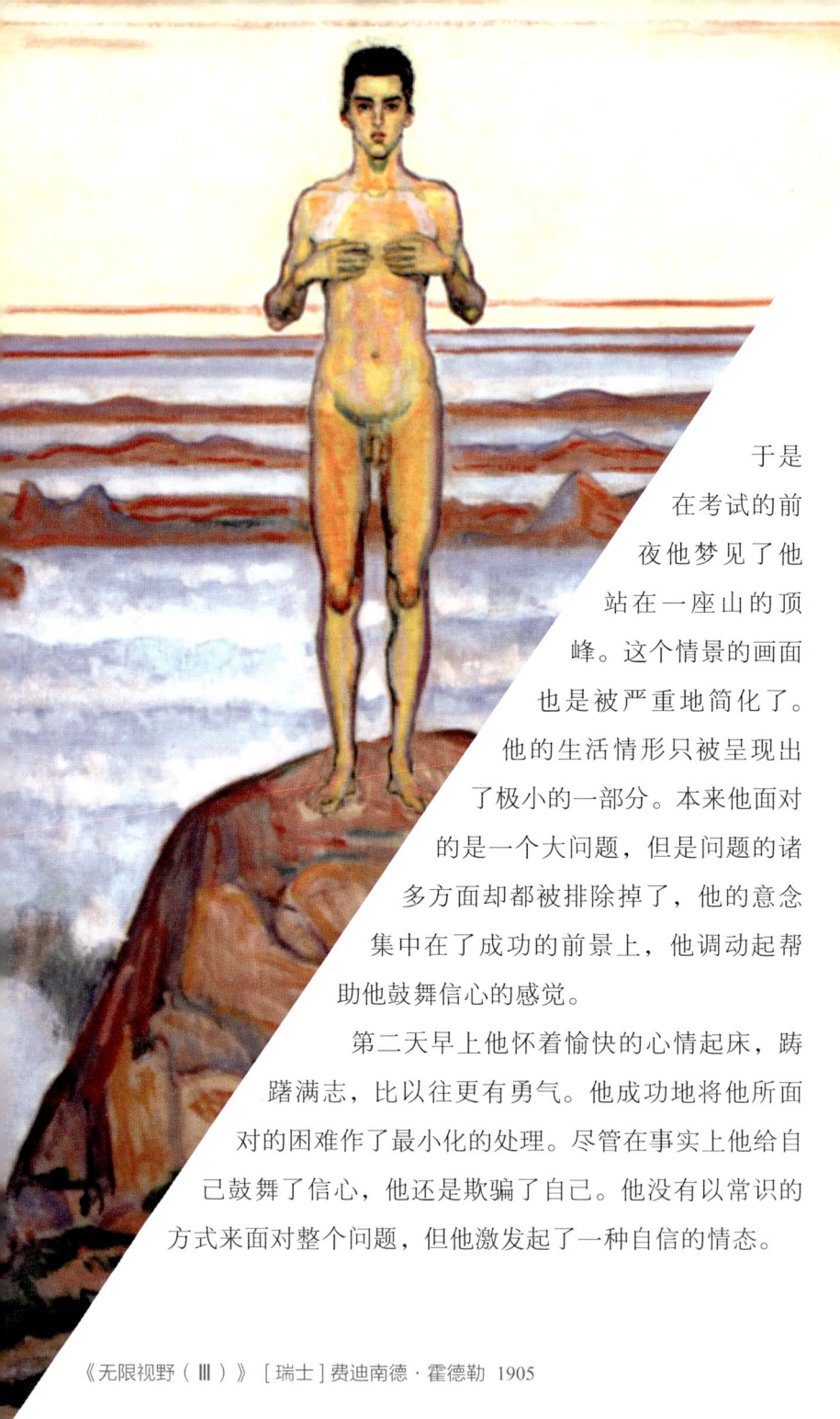

于是在考试的前夜他梦见了他站在一座山的顶峰。这个情景的画面也是被严重地简化了。他的生活情形只被呈现出了极小的一部分。本来他面对的是一个大问题,但是问题的诸多方面却都被排除掉了,他的意念集中在了成功的前景上,他调动起帮助他鼓舞信心的感觉。

第二天早上他怀着愉快的心情起床,踌躇满志,比以往更有勇气。他成功地将他所面对的困难作了最小化的处理。尽管在事实上他给自己鼓舞了信心,他还是欺骗了自己。他没有以常识的方式来面对整个问题,但他激发起了一种自信的情态。

《无限视野(Ⅲ)》 [瑞士]费迪南德·霍德勒 1905

感情的激发是一件很平常的事。一个人想跃过一条小溪，在起跳之前很可能会数个一、二、三。数数对他来说真的这么重要吗？起跳和数数之间难道真的存在必然的关联？

没有一丁点的关联。然而，他从一数到三，是为了激发他的情绪，集中他所有的力量。我们动用了头脑中所有的手段为自己精心打造了一种生活方式，并巩固它、强化它，其中最重要的一项手段就是激发情感的能力。我们日日夜夜都在从事这项工作，不过在睡梦中这一手段表现得更为清晰。

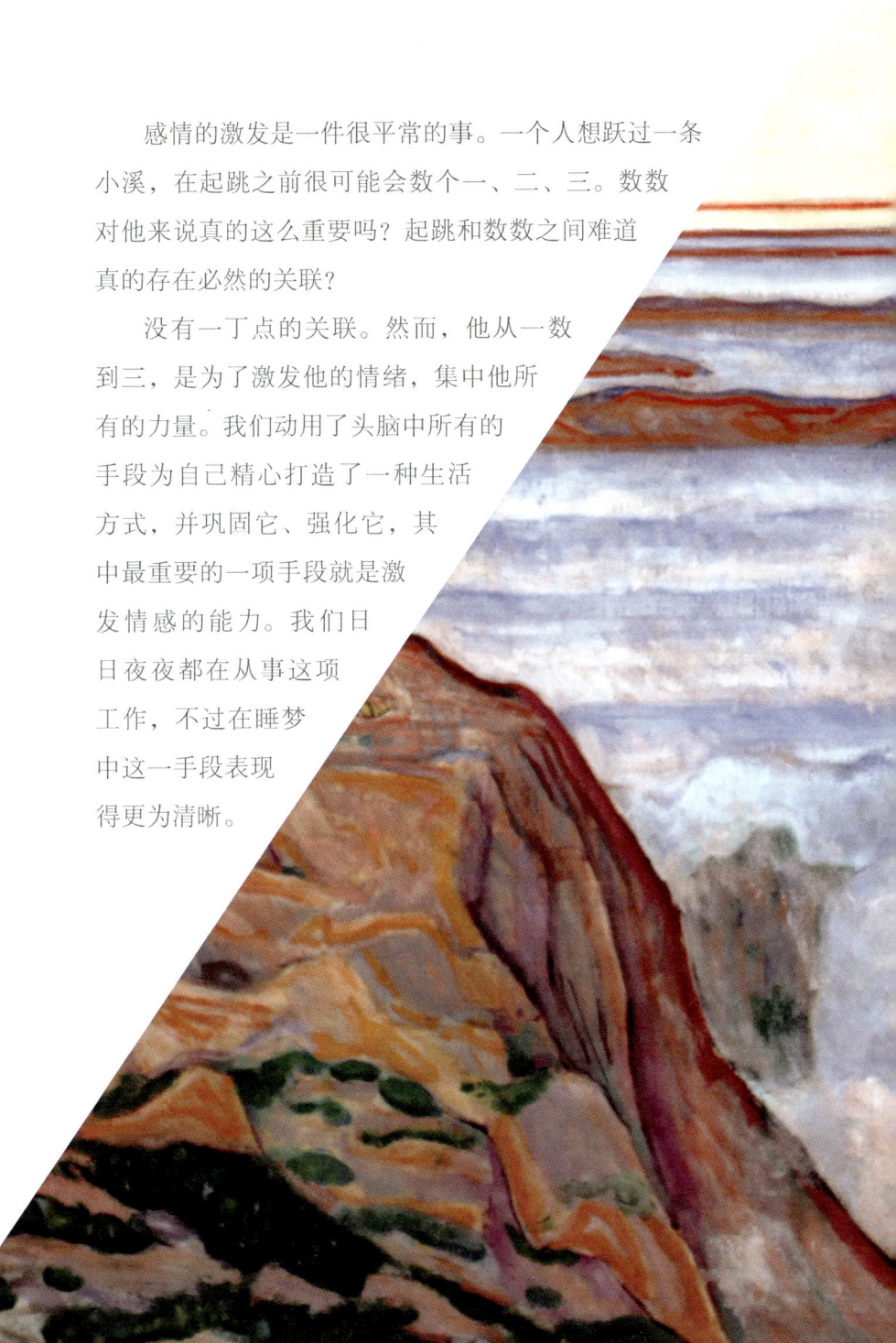

让我举个例子来说明我们是如何做梦欺骗自己的。还是在第一次世界大战期间，我在一家军队神经科医院担任院长。每当我看到那些在战争中无所适从的士兵，我就总是尽我所能给他们安排一些容易的任务，以期取得放松的效果。这样的做法往往十分有效，他们的压力减轻了不少。

有一天有一个士兵过来找我，这是我所见过的最为魁梧最为壮硕的人之一。他的情绪十分消沉，在我为他做检查的时候我就在努力寻思怎么样能帮助他。当然，我本可以把每一个前来找我的士兵送回家去，然而我的治疗建议书必须呈交给我的上司，经过他的同意才能放行，因此我的慈悲之心不得不有所保留。这个士兵的症状却让我难以作出决断，最后我说："你有神经方面的疾病，可是你的身体却是强壮健康的。我会给你安排轻松一点的工作，这样你就不需要上前线了。"

那位士兵满脸的可怜相，回答我说："我是个穷学生，我还得教书来养活我年迈的父母。如果我不去教书，他们二老就会饿死。如果我不能赡养他们，他们就都得死。"我想我本可以给他安排一份更轻松的工作——比如说打发他回去从事一份文职工作，但是我又担心我的这份建议治疗书会激怒我的上司，反而会把他送上前线。最终我决定还是实话实说。我给出一项证明，说他只能胜任哨兵的工作。晚上我回到家里躺下，却做了一个噩梦。我梦见自己成了一个杀人犯，在漆黑狭窄的街巷里四处乱跑，使劲地思索我伤害了谁的性命。

我实在想不起来谁是受害人，我只感到"杀人犯这个罪名我是逃不掉的了，我这一辈子都完了。一切都结束了"。于是，在梦里的我呆呆地站着不动，浑身大汗淋漓。

在我醒过来之后，我的第一个念头就是："我伤害了谁的性命？"于是我想道："假如我没有给这个士兵安排一份文职工作，他就会被送到前线然后阵亡。只有这样我的杀人犯罪名才会被坐实。"读者可以看到我所激发起来的情感是怎样欺骗了我自己。

我并没有要了谁的命，即使这样的不幸真的发生了，责任也不在我。只是我的生活方式不允许我冒这样的风险。我是一名医生，我的使命是拯救生命，而不是危害生命。我又想到假如我在治疗建议书上写给他安排一份轻松的工作，我的上司就会把他送上前线，他的处境不会更好。这样我就明白，如果我想要帮助他，唯一能做的就是尊重常识的规则，不要去冒犯我自己的生活方式。于是我给他开了一份证明说他适合哨兵这个岗位。

后来的事实证明尊重常识的规则是更为可取的选择。我的上司读了这份建议书，把我所写的内容统统画线删掉。我当时就想："糟了，这下他就得上前线了。我真该写明给他安排一份文职工作。"我的上司却是这样写的："军事机关工作，六个月。"原来这位长官收受了这个士兵的贿赂，于是大笔一挥对他高抬贵手。这个年轻人从来没有教过书，他说的话没有一个字是真的。他编造这个故事只是为了让我给他安排一个轻松的岗位，然后那位受了贿赂的长官就可以轻而易举地批准我的建议方案。从那以后我就想，如果能够不再做梦就好了。

梦之所以难以被理解，原因就在于梦往往会愚弄我们，让我们迷醉。如果我们理解了梦，就不会再上梦的当，梦也就无从在我们的内心掀起任何感觉或情绪的波澜。这样我们就宁可选择以常识的方式在生活中行事，而不会听从梦的驱使。假如梦被理解了，它愚弄我们的意图就再也没有机会实现。梦是连接当下现实问题和生活方式之间的桥梁，然而生活方式是不需要得到强化的，它应该直接与当下现实发生关系。梦有成千上万种，每一个梦都表明：个体在面临具体的情形时，会感受到生活方式必然要得到强化。对梦的解读因此总是有个体差异的。我们不可能用现成的公式来诠释符号或隐喻，因为梦是生活方式的一种创造活动，它来自个体对于自己所处的具体环境的独有见解。下面我给读者简要介绍一些较为典型的梦的形式，我这样做不是要提供一条从实际经验得出的解读，而只是帮助大家朝着理解梦及其意义的方向上去努力。

很多人都曾梦见过自己在空中飞行。要理解这样的梦，跟其他梦一样，关键在于它所引起的感觉。梦见自己飞行留给做梦人的是一种愉快的、充满勇气的气氛，人的心情从低落变成了高昂。这样的梦把克服困难，以及对优越感的追求想象成了一件容易的任务，这使得我们有理由推断：做这样梦的人是一个勇敢的个体，他们目光超前，踌躇满志，即使在睡梦中都不会忘记自己的雄心壮志。这样的梦暗含了一个问题："我是否应该继续奋斗？"其隐含的回答是："我前进的路上并没有障碍。"很少有人不曾做过从高空坠落的梦。这是很值得注意的，它表明人的头脑往往装满了自我保护的意识，以及对失败的恐惧，相比而言，人们对努力克服困难的意识就要少一些。

这其实是很容易理解的，我们只要想一想对孩子们的传统教育就够了，我们总是警告孩子们要小心，总是提醒他们要多加防备。孩子们不断听到这样的训诫："别爬到椅子上去！把剪刀放下！离火远一点！"他们总是被这样一些杜撰的危险包围着。当然，这些危险也是确实存在的，只是把一个人变成胆小者，无助于让他学会应对这些危险。

假如有人经常梦见自己瘫痪，或者没有赶上火车，这里的意思通常就是："看来不需要我的介入这个问题就能自然解决，我真是太高兴了。我得绕道而行，我到得会很晚，这样就不必面对问题。我得让火车开过了才能走。"很多人还会梦见考试。有时候他们大为惊讶地发现，自己年纪已经很大了还要参加考试，或者考试的科目是自己多年以前就已经通过了的。对于某些人来说，这种梦的含义可能是："你还没有做好准备应对你眼前的问题。"对于另一些人，这里的意思可能

《在门口》［瑞典］埃尔纳·乔林 1928

是："你以前通过了这门课的考试，眼下的考试也应当不在话下。"

同样的符号在此个体里的含义从来不同于彼个体。对于一个具体的梦我们主要考虑的应该是梦中所含有的残余情绪，以及它与个体整个生活方式的关联。

有一位三十二岁的神经症患者来求诊治。她是家里的第二个孩子，像很多排行老二的人一样，她满怀着雄心壮志，每天都想着独占鳌头，想以无可指摘的方式圆满地解决她所有的问题。她来的时候，精神已经崩溃了。她爱上了一个比她年龄大的有妇之夫，这个男人还在事业上失败了。她曾经想嫁给他，可是他却没有能够离婚。

她做了这样一个梦：她把自己的公寓租给了一个男人，她自己住在了乡下，男人搬进公寓不久就结婚了，然而他自己又挣不了钱。他是一个品行不端的人，又不肯努力工作。由于他无法交付房租，她被迫把他赶了出去。我们一眼就可以看出这个梦跟她当下的现实问题存在着某些关联。她正在考虑自己是否应该嫁给一个事业无成的男人。她所爱的人穷愁潦倒，根本养不起她。有一次他带她出去吃饭却没有足够的钱付账，这种反差就更加强烈了。

前面所描述的梦激起了她对婚姻的抗拒之情。她是一个眼光很高的女人，不愿意被这样一个穷困的男人所牵累。她用了一个隐喻来问自己："假如他租住了我的公寓房，又没有钱付房租，我应该怎样处理这个房客呢？"答案就是："只能请他搬出去了。"

当然，这个已婚男子并不是她的租客，这两个人并不能混为一谈。一个不能养家的男人和付不起房租的租客也不是一码事。为了舒缓压力，同时也是为了更有把握地遵从自己的生活方式，她给自己提供了这样的感觉："我不能嫁给他。"通过这样的途径，她就避免了用常识的方式来解决整个问题，而只是选择了问题的一小部分。同时，她也把整个的恋爱与婚姻问题作了最小化的处理，仿佛整个事情用一个隐喻来表达就已经足够了："一个男人租住了我的房子，如果他付不起房租他就得离开。"

个体心理学的治疗技术总是立足于强化个体的勇气来应对生活里的困难，很容易理解在治疗的过程中，患者做的梦会发生变化，并且朝着更为自信的方向发展。一位忧郁症患者在就诊之前做的最后一个梦是这样的："我一个人坐在一张长椅上。突然暴风雪降临了。我很幸运地躲过了这场暴风雪，因为我很快地跑进屋里，回到了我的丈夫身边。然后我帮着他在一张报纸的广告栏里找到了一份合适的工作。"这位病人能够自己解释这个梦,很显然它表明了她与丈夫和解的心情。最初她恨过他,抱怨他软弱无能又没有进取心,没本事挣钱过好日子。这个梦的意思却是:"待在我的丈夫身边比独自面对危险要好得多。"我们大致可以赞同这位病人对于她自己环境的判断,以及她与丈夫和解的方式,然而她的婚姻还是暗示了她的众多亲戚给她的苦口婆心的劝说。独处的危险被夸大了,她还没有准备好以饱满的勇气和独立精神跟丈夫合作。

一名十岁的男孩被大人带到了诊所。他的学校老师说他对其他孩子相当地恶毒而又刻薄。他在学校偷东西,然后把赃物放在别的孩子的课桌里,于是那些无辜的孩子就受到了责备。发生这样的事情只有一种可能,那就是这个孩子感到有一种需要,必须把其他人拉低到和他一样的层次。他想羞辱别人,这样就能证明人品恶毒刻薄的是这些人而不是他。

如果这是他的行事风格,我们可以猜测此种行事风格来源于他的家庭,他的家里一定有某个人是他一心想要构陷的目标。这个十岁的孩子曾经有一次在大街上冲一名孕妇扔石头而惹上麻烦,以他这个年龄他应该知道怀孕是怎么一回事。我们有理由怀疑他不喜欢孕妇,我们必须调查一下他的家里是否有一个弟弟或妹妹,他或她的到来引起了他的不快。老师的评语报告把他称作"害群之马",他骚扰他的同学,辱骂他们,传播他们的坏话,他还追打小女孩。现在我们已经倾向于相信他家里有一个妹妹跟他构成了竞争的关系。

我们了解到他家里有两个孩子，他是老大，下面有一个四岁的妹妹。他的妈妈反映他还是很爱妹妹的，他对妹妹一直很好。这样的说法给我们的信任拉起了红线：如此顽童是不可能爱他的妹妹的。后面的事实证明我们的怀疑是正确的。这位母亲还说她跟她丈夫的关系非常和谐，堪称完美。孩子怎么会成这个样子，着实让人遗憾。很显然孩子的父母双亲对他的错误是不需要负责的，这些错误都是来源于他自己的不良天性，是命运使然，或者说是远祖的基因在隔代作祟！

我们经常听说这种完美的婚姻：无比优秀的父母偏偏生出了一个令人生厌的孩子！对于此类不幸之事，教师、心理学家、律师和法官中都不少见。事实上，一桩"完美的"婚姻会给男孩制造一个莫大的困难，困难大体是这样的：如果他看到母亲很关爱父亲，这会激怒他。他一心想要独占母亲的关爱，母亲对任何其他人表现出来的恩爱都会使他厌恶。假如幸福的婚姻对孩子是一种伤害，不幸的婚姻对孩子伤害更甚，那么我们应该怎么做呢？我们必须从一开始就培养孩子的合作能力，我们必须把他真正地带进婚姻关系之中。我们还必须避免让他只依恋一个家长。我们认为这个孩子被家长惯坏了，他一心想保持住母亲的关爱，只要他感到母亲对他关爱不够，他立刻就朝着制造麻烦的方向而去。

在这里我们的怀疑立刻得到了证实。这位母亲从来不会亲自出面惩罚孩子，而总是等着父亲回家之后施以责罚。也许她感觉自己心肠太软，也许她觉得只有男人才可以发号施令，似乎只有男人才有足够的威权来惩罚孩子。也许她希望保持这个男孩对自己的依恋，或者她害怕失去他。无论事实属于哪种情况，母亲都在支使孩子失去对父亲的兴趣，也失去了和父亲的合作机会。这样两个人之间的裂痕就不可避免地产生了。我们听说这位做父亲的很爱自己的妻子和家庭，但因为儿子的恶劣表现使得他下班之后也不愿意回家。他对儿子责罚很重，常常动手打他。我们听说男孩对父亲没有怨恨，这也是不可能的。这孩子才不是那种精神力量薄弱的人，他只是学会了非常巧妙地掩饰自己的感情罢了。

他很爱他的妹妹，但他却不能很好地跟妹妹玩游戏，经常用巴掌拍打她或者踢她。他在餐厅里坐卧两用的长椅上睡觉，她的妹妹睡在父母卧室里的幼儿床上。现在，假如我们设身处地地为这个男孩考虑一下，假如我们对他有足够的同情心，那么父母卧室里的这张幼儿床就会是我们的困扰。让我们试着用男孩子的心智去思考、去感受、去观察。他想占据母亲的注意力，可是在夜里妹妹距离母亲要近得多，他必须想办法把自己跟母亲的距离拉近。这个男孩的身体非常健康：他很顺利地出生，吃了七个月的母乳。在第一次用奶瓶替代母乳给他喂食的时候，他就呕吐了，而且呕吐的症状一直持续到了他三岁时期。看起来很有可能他的胃功能不是特别好。现在他的饮食状况良好，营养全面，但他却无法不担心自己的胃，他认为这是他的一个弱点。于是我们有点能够理解为什么他要向孕妇扔石头了。他对于自己的饮食是极其挑剔的。如果他对自己的饭食不满，他母亲就给他一些钱让他到外面去想吃啥就买啥，但是他却跑到周围邻居家去散布他的抱怨，说他的父母总是不给他吃饱。这个小把戏他已经玩得很得心应手了，老套路重复上演。他重建自己的优越感的方法就是去毁谤别人。

后来他到诊所来讲了他做的一个梦，我们就可以理解了。他是这样说的："我梦见自己成了一个西部牛仔，他们把我送到了墨西哥，我不得不杀出一条道回美国。一个墨西哥人向我走来，我就朝他的肚子狠踢过去。"做梦者的感受是："我被敌人包围了。我不能不挣扎、战斗。"在美洲，牛仔通常都被视为英雄，于是他认为追打小女孩、踢人的肚子是很英雄的行为。我们已经知道，胃在他的生命中起着多么重要的作用——这是他全身最柔软的地方。他自己的胃功能不好，他的父亲也有胃神经问题的困扰并经常抱怨。在他的家里，胃已经上升到了无以复加的重要地位。这个男孩子的攻击目标就是他们最为软弱的部位。

他做的梦和他的行为精准地展示出了一致的生活方式。他还生活在梦里，假如我们不能把他从梦中唤醒，他就会延续不变地保持该生活方式。他不但会攻击他的父亲、他的妹妹、小孩子（特别是小女孩），他还会攻击试图制止他打人的医生。他梦里的冲动会刺激他不断地战斗，好让自己成为一名英雄，并征服他人，如果他不能认识到他这是在愚弄自己，就没有任何其他办法能够治好他。

在诊所里，我们向他解说了他的这个梦。他感到自己生活在一个对他充满敌意的国度，所有想要惩罚他、妨碍他的人都是那个墨西哥人，他们无一例外都是他的敌人。当他第二次来到诊所的时候我们问他："上次见面之后，有没有什么变化？""我是一个坏孩子。"他回答说。"你做了什么？""我追打过一个小女孩。"这句话根本不是忏悔，而是吹嘘和攻击。这里是诊所，工作人员都在努力地纠治他，而他却强调自己是个坏孩子。他的言外之意是在说："别指望我有任何改变。我也会朝你的肚子猛踢。"我们能拿他怎么办呢？他还是沉潜在睡梦当中，他还在扮演那个英雄的形象。我们必须降低他从这个角色上获得的满意度。

"你是不是相信，"我们问他，"你心目中的这个英雄真的会去追打一个小女孩？这难道不是对英雄行为的拙劣模仿吗？如果你真的要当一名英雄，你就应该去追打一个高大、健壮的女孩。或者，你恐怕就不应该去追打女孩。"这只是治疗的一个方面。我们必须帮助他睁开眼睛看清现实世界，降低他持续那种生活方式的热情，就像一句谚语所说的："往他的汤里吐口水。"从那以后，他就不再喜欢这碗汤了。另一方面我们给他合作的勇气，鼓励他在生活的积极面寻找意义。没有人会选择生活的消极面，除非他担心如果他坚持生活的积极面会遭受挫折。

一位二十四岁的单身姑娘从事着文秘工作，她跟我们诉苦说她的老板一贯欺凌弱小，让她的生活不堪忍受。她感到自己都无法结识朋友，也无法维持友谊。以往的经验告诉我们，如果一个人无法维持友谊，往往是由于他企图主宰别人，他真正关心的只是他自己，他的人生目标就是展示他个人的优越感。或许她的老板也是同样类型的人，他们两位都想主宰别人。当这种类型的两个人相遇时，他们的交往必然发生困难。

这名女子是家中七个兄弟姐妹中最小的孩子，父母的掌上明珠。她得了一个外号叫"汤姆"，因为她总是想成为一个男孩。这一点使得我们更加怀疑她的优越感目标就是要主宰别人，在她的意识中她认为身为男人就能控制他人，而且不被别人控制。她长得很漂亮，并且她觉得人们喜欢她只是因为她的美貌，她很担心被毁容或受到伤害。在我们今天的这个时代，样貌出众的女子很容易给人留下深刻的印象，也容

《夜间办公室》 [美] 爱德华·霍珀 1940

易控制他人，这和她的情况高度契合。然而，她却想成为一名男孩，以一种男性的方式去主宰别人：其结果是她不再为了自己的美貌而自鸣得意。

她的最早记忆是受到一名男子的惊吓，她承认她直到现在还是很害怕受到窃贼或疯子的袭击。一个想变成男孩的女孩害怕窃贼和疯子，这听起来似乎有点奇怪，但其实并不奇怪。正是她的这处弱点暴露了她的目标。她希望自己置身于一种能够满足她的操控和征服要求的环境之中，对所有其他状况她都是一概排斥。窃贼和疯子属于不可控制的人，她恨不得把这两类人驱逐干净。她希望通过一种方便的路径成为男孩子，如果这个愿望不能实现，她就试图给自己留下一个轻松的环境。这种对女性角色的强烈不满的情绪，我将之称为"男性羡慕"，它总是伴随着紧张感——"我是一个与身为女性的所有不利因素相抗争的男人"。

让我们看看我们是否能够在现实世界中找出和她在梦中一样的感受。她屡次梦见自己独自一人。她是一个被宠溺的孩子，她的梦的含义是："我应该得到关照。把我孤零零的一人丢下是很不安全的，那样的话别人就有机会攻击我或操控我。"另一个她经常梦见的情景是她丢失了她的钱包。做这样的梦她是在提醒自己："小心了，你有丢东西的危险。"她什么东西都不愿意失去，尤其不愿意失去控制他人的权力；她从生活当中选择了一件事情——钱包的丢失来代指全部生活。在此我们得到了一个新的例证来说明梦是如何制造感觉从而强化生活方式的。她的钱包并没有丢失，但是她梦见自己丢了钱包，这种感觉遗留下来了。

她向我们讲述了另一个稍长一点的梦，这个梦使得我们更清楚地看到了她的人生态度。"我梦见去一个游泳池游泳，那个地方人特别多，"她说，"有人注意到我站在那些人的头顶上。我发觉有人看见了我并尖叫了起来，我处在随时可能掉落下来的巨大危险之中。"如果我是一个雕塑家，我很愿意以这样的构图给她塑一座像：她站在众人的头顶上，把人家当成是雕像的底座。这是她的生活方式，也是她想要激起的感觉。

然而，她觉得自己的处境很不安稳，又认为别人理所应当认识到她所面临的危险。他们应当照顾她，而且是小心翼翼地照顾，这样她才可以继续站在他们的头顶上。在水里面游泳是不安全的，这就是她生活的全部故事。她给自己规定了这样的目标："虽然是女儿身，却要做个男人。"她像大多数家中的幺儿一样雄心勃勃，她急于展现自己的优越地位，而不是恰如其分地应对自己的处境。她时时刻刻被害怕失败的阴影笼罩着。如果我们要帮助她，就必须想办法使她安分于自己的女性角色，打消她心中的恐惧，也消除她对异性的过分拔高，要让她在周围的人际环境中感受到友情，并且平等待人。

有一个女孩在十三岁那年，她的弟弟在一次事故中丧生，她是这样叙述自己的早期记忆的："我弟弟还是婴儿的时候，他正在蹒跚学步,他抓紧了一把椅子想让自己站起来,但是那把椅子倒在了他的身上。"这是另一起事故,我们从中看到世界上的危险对她产生了何等深刻的印象。"我最常做的一个梦非常古怪,"她叙述说,"我总是走在一条路上,路面上有个洞我没看见,走着走着,我掉进了洞里。洞里面全是水,就在我碰到水的时候,我一下子就惊醒了,吓得心怦怦直跳。"她觉得这个梦古怪,我们倒不这么认为,但如果她持续地用这个梦来警醒自己,她一定会觉得这个梦很神秘,不可理解。这个梦在告诉她说:"你要小心了,前方有你完全不知道的危险在等着你。"然而这个梦的含义还不止这些。如果你不是身居高位,那就不会跌落。既然她有跌落的危险,她就一定想象着她高居于别人的头顶之上。就像上一个案例那样,她的潜台词在说:"我高于众人,我还必须小心翼翼才不至于掉落下来。"

在另一则案例中,我们将会看到同样的生活方式也在早期记忆和梦中发挥了作用。一个女孩跟我们讲述说:"我记得我非常喜欢看人修建公寓房。"我们猜测她还是很有合作精神的。我们不可能指望一个小女孩去参加房屋的建筑工作,但是她的兴趣可以表现出她乐于分担别人工作的意愿。"那时我还是个小孩,我站在一扇高大的窗户旁边,嵌窗玻璃清楚地保留在我的记忆里,仿佛就是昨天的事。"既然她注意到了窗户很高大,那么她的头脑里对于高大和矮小肯定已然有了比对的概念。她的意思是:"窗户很高大,而我的个头却那么矮小。"我们听说她个头偏小就不感到惊讶了,也正是由于这个原因她对尺寸大小的比对格外感兴趣。她说自己对那些嵌窗玻璃记忆犹新,其实是一种炫耀。

现在我们让她继续讲述她的梦:"我跟其他几个人一起坐在车上。"正如我们前面的猜测,她是很有合作精神的,她很乐于与别人共处。"车一直往前开,直到一片树林面前停了下来。所有人都下了车跑进了树林。他们大多数人都比我高一头。"她又一次提到了尺寸的差异。"但我还是跟上了他们,然后走进了一台升降机,升降机下沉到了大约在地面十英尺以下的矿井里面。我们想,如果我们走出升降机,矿井里面的毒气有可能要了我们的命。"她描述了一个潜在的危险。大部分人都害怕某些危险,人类并非勇敢无畏。"我们还是十分安全地走了出去。"我们看到了她乐观的一面。如果一个个体富有合作精神,他通常都是勇敢而又乐观的。"我们在矿井里待了一分钟,然后回到地面,迅速地上了车。"我相信这个女孩子从来都是富有合作精神的,但她的头脑里总觉得自己应该更高大些才好。我们能发现她身上的某种紧张感,似乎她总是踮着脚尖,不过既然她喜欢与别人共处,喜欢跟人分享共同的成果,这种紧张感会被抵消的。

《观景台房间里的客厅》 [奥] 卡尔·摩尔 1903

6

家庭的影响

如果家庭当中没有威权,
那么就应该存在真正的合作。
父亲和母亲应该在每一个事关孩子的教育问题上达成共识,
通力协作。

家庭的影响

从出生开始,婴儿就在努力建立与母亲的紧密联系,这是婴儿行动的主要目的。在此之后的很多个月,他的母亲在他的生命中占据着压倒性的重要地位:他几乎是完全地依赖于母亲。每个人都是在这种情形下第一次开发自己的合作能力。母亲是婴儿接触的第一个人,也是孩子除了自己之外第一个感兴趣的对象。母亲为孩子步入社会生活架起了第一座桥梁,一个婴孩如果不能跟自己的母亲建立紧密的联系,或者如果没有另一个人代替母亲的位置,将无可避免地走向毁灭。

这种母婴关系非常亲密而且影响深远,

在孩子后来的成长年月里，我们已经无法辨识出孩子的哪些个人特点是纯粹出于遗传，遗传下来的每一种倾向都经过了母亲一次又一次的吸收、训练、教育和改造。母亲在这方面的技能，或者如果缺乏技能，都会影响孩子全部潜能的开发。

我们说的母亲的技能无非是指她与孩子的合作技能，以及教会孩子与自己合作的技能。这样的能力是不可能通过某几个规则得到传授的。每一天都会出现新的状况，总有成千上万个关键要点需要母亲动用自己的领悟力和理解力来应对孩子的需要。要想圆满地掌握这种技巧，母亲必须做到：关注自己的孩子，全身心地赢得孩子的爱，并且保证他的幸福。

《年轻母亲》 [美]米尔顿·艾弗里 1934

从母亲的全部行动之中我们可以看出她的态度。<u>每当她抱起婴儿、带他走动、给他洗澡或喂食，她都有机会建立与孩子的亲密联系</u>。如果她对于这些活动不太熟练，或者不感兴趣，她就会表现得笨手笨脚，婴儿也会产生抗拒。如果她还没学会怎么给婴儿洗澡，婴儿就会感觉洗澡是件令人生厌的事。这时候的婴儿不会跟母亲建立一种亲密的关系，相反他会努力挣脱母亲。母亲把婴儿抱到床上的方式、她所有的举动，以及她发出的所有动静必须高度讲究技巧。

她对婴儿的看护，或者把婴儿放下的时候同样要高度地讲究技巧。她必须考虑到他所处的整个环境——新鲜的空气、房间的温度、营养条件、睡觉时间、生理习惯和卫生状况。每时每刻她都在给孩子创造机会，孩子要么喜欢她，要么不喜欢她，要么合作，要么抗拒合作。

为母之道并没有什么神秘的力量。所有的技巧无非是长久的关注和训练的结果。身为人母的准备工作很早就开始了。作为第一步，可以观察一个女孩子对比她更小的孩子的态度，观察她对婴儿以及对她自己未来任务的兴趣程度。如果对男孩和女孩采取同样的教育方式，仿佛未来他们面临着完全一样的任务，我们认为这种做法是不可取的。如果要让女孩将来成为一名技巧高超的母亲，就必须让她接受为母之道的训练，要让她喜欢母亲这个角色，认为身为人母是一项富有创造性的活动，让她在未来的生活中当她真正地面临母亲角色的时候不至于失望。

不幸的是，在我们的文化之中，女人作为母亲的角色往往并不能得到充分的尊重。假如社会上重男轻女，男性的地位被过于拔高，那么女孩不喜欢她们未来的角色就是很自然的事情。没有人会乐于接受一个从属性的地位。这样的女孩将来结婚以后，如果面临着生儿育女的前景，她们就会以这样或那样的方式表示出抗拒：她们不愿意生养孩子，也没有做好任何准备，她们并不期待这一前景，她们不认为身为人母是一件富有创造性和积极有益的活动。

这或许是我们这个社会的最大问题，时至今日都没有采取多少措施去努力解决。整个人类社会都与女性对于母亲角色的态度息息相关。几乎在全世界的所有地方，女人在生活中的地位都被低估了，她们都被当作次等公民对待。甚至在孩子们当中我们也发现，男孩们都把家务劳动看作是下等人的工作，仿佛他们的尊严要求他们绝不可以动一下手参与家务劳动。操持家务和内务整理往往不是被视作女人的伟大贡献，而是移交给她们的苦差事。如果有哪一位妇女把家务劳动看作是她能够乐在其中的一门艺术，通过这门艺术她能够点亮并丰富她的伙伴们的生活,那么在她那里家务活动就与世界上任何一项其他工作等量齐观了。反过来说,如果社会上把家务活看成是过于低贱的、男人不屑为之的劳动,那么妇女就会拒绝接受她们的任务,反抗男人,并着手证明从一开始就是明显的事实:女人与男人平等,理应有同样受到重视的权利,有同样的机会发展自己的潜能,这个时候我们还有理由惊讶吗?诚然,开发人的能力只能通过社会感去完成,然而通过社会感把女人引到正途上还需要满足这样的条件:不给她们的发展施加不必要的限制和约束。

在低估了女性角色地位的地方,婚姻生活的整体和谐就会遭到破坏。如果女人认为关注照看好孩子是一件低贱的工作,她就绝无可能训练自己在这方面的技能、护理能力、理解力和同情心,要想让小孩子拥有一个有利的生命最初阶段,这些要素就是不可缺少的。一个对自己性别角色不满的女人就会给自己设定其他的目标,该目标将会阻止她与她的孩子建立最好的关系,而且该目标也会与孩子们的目标互不协调。这样的女人满脑子想的往往是如何表现自己的优越性,因为这个目标的存在,孩子们就成了干扰她的因素和障碍。如果我们追溯生活的失败缘由,我们就总是能发现这样的母亲没有正确地发挥母亲的作用:没有给自己的孩子提供一个良好的开端。如果做母亲的失败了,如果她们对自己的任务不满,或者对任务不感兴趣,那么整个人类都会面临重重危机。

然而，我们不能把失败的责任归咎给母亲，母亲是无辜的。也许母亲本人就没有受过与人合作的训练，也许她在婚姻生活中备受压抑，很不快乐，也许她的周边环境使她感到迷茫而忧虑，甚至有时候陷入无助的绝境之中。幸福的家庭生活在发展过程中有很多干扰因素需要排除。假如母亲生病了，她也许想跟孩子一起做点事情，但她发觉被许多障碍掣肘。如果她是个职业女性，那么回到家后她就很可能精疲力竭了，假如经济条件困难，孩子的饮食、穿衣和体温都会成问题。更有甚者，决定孩子行为的不是他的经历，而是他从他自己的经历中得出的结论。

在我们调查一个问题儿童的背景原因时，我们发现孩子和他母亲的关系中有不少问题，但是我们又发现别的面临同样问题的孩子却能表现得好很多。让我们回到个体心理学的基本观点上去：性格的发展是没有理由可循的，但是一个孩子却能够利用他自己的经历实现他的目的，并将这样的经历变成理由。比如，我们不能说，如果一个孩子营养不良，他就会成长为一名罪犯，我们必须考察他自己得出了什么样的结论。

因此我们不难理解，如果一个女人对自己的性别角色不满，她会招来多少压力和烦恼。我们都知道一个女人在奋力成全自己的母性时会爆发出惊人的能量。调查表明，母亲保护自己的孩子的秉性比任何其他秉性都强大得多。科学证明，在动物之中，比如老鼠和猴子，母性的本能驱动力要强于性欲或饥饿状态下求食的动力,因此如果让动物们在诸多驱动力之下作出选择,母性的驱动力一定是首选。这一动力的根据并不是性,它来自合作精神的需求。

一个母亲常常感受到孩子是她自己的一部分。通过她的孩子,她把自己和整个生活联系在了一起,于是她发现自己竟然是掌控着生与死的主人。在每一位母亲身上我们都可以发现,孩子给母亲赋予了创造生命的感觉,当然在程度上还是有所不同的。我们差不多可以说,母亲感觉自己就像创制世界的上帝,她也是从虚无之中创造出了一个鲜活的生命。对母性的追求是人类追求优越感的一个真实的外在表现,是人类模仿上帝行为的一个目标。母性给我们提供了一个再清晰不过的范例,告诉我们为了人类的福祉如何怀着最深切的社会情感去服务众生的利益。

当然,身为母亲的人也有可能夸大孩子是她的一部分的那种情感,从而把孩子变成服务于展现她个人优越感的一种工具。这样的母亲试图让孩子整个地依附于她,控制他的生活,希望这样可以永远把孩子留在自己的身边。我在这里想举一个七十岁农妇的例子。她的儿子已经五十岁了,还生活在她的身边,母子两人同时感染上了肺炎,结果是母亲活了下来,儿子被送进医院却没有能被救活。当人们把儿子的死讯告诉这位农妇时,老太太回应说:"我早就知道我不可能把这孩子平安养大。"她感到自己对孩子的整个生命负有责任。

她从未想过让孩子成为我们社会生活里身份平等的一分子，我们可以理解一个母亲如果不能够扩大她和她的孩子之间的紧密关系，不能引导他与他周边环境的其他人进行平等的协作，这将是何其巨大的一个错误。

母亲的人际关系并不简单，她与她的孩子的亲密关系也不宜过分强调。这一点无论是对于孩子还是对于母亲本人都是实实在在的。如果过于强调一个问题，那么就会连带出其他所有的问题，即使我们集中力量处理一个问题，该问题也往往得不到解决，有时候适当减轻对问题的关注程度也无济于事。

<u>身为一名母亲，她不仅仅联系着自己的孩子，也与丈夫和周边的整个社会生活存在着联系。</u>这三重关系必须给予平等的关注：对于这三者，母亲都必须动用常识去平静地面对。如果母亲只考虑她与孩子的关系，她将无可避免地娇惯和纵容孩子，孩子的独立性以及与他人的合作能力将难以得到开发。母亲在成功地建立了与孩子的亲密关系之后，她的下一个任务应该是把孩子的关注兴趣扩大到他的父亲，如果母亲本人对孩子的父亲缺乏兴趣，那么这个任务几乎是不可能完成的。

《安妮特和访客》 [法]爱德华·维亚尔 1900

母亲要让孩子的关注兴趣扩大到他周边的社会生活：家庭中的其他孩子，亲戚朋友，一言以蔽之——身边的芸芸众生。母亲的任务是双重性的，首先她要让孩子从自己这里体验出一个值得信赖的伙伴的存在，其次她要准备让这份信任和友谊向外扩展，使其覆盖到整个人类社会。

假如母亲只专注于让孩子对她自己感兴趣，孩子以后就会讨厌一切试图让他关爱别人的尝试。他总是希望从母亲那里获得支持帮助，在他眼中争夺母亲注意力的所有竞争者都会成为他的敌人。母亲只要对她的丈夫或者家中的其他孩子表现出一点关注，他就会觉得自己的权利受到了侵害，孩子甚至会产生这样一种观念："我的妈妈是属于我的，不属于其他任何人。"对于这样的状况大部分现代心理学家都有所误解。

比如，弗洛伊德的理论中有一个所谓的俄狄浦斯情结，它认为孩子都有爱上自己的母亲的倾向，希望与母亲结婚，并且仇恨自己的父亲，欲杀之而后快。如果我们了解儿童的发展过程，就不会产生这样的错误认识。俄狄浦斯情结只可能出现在一种孩子的身上：这个孩子要求占有母亲的全部注意力，任何其他人不能染指。但是这样一种欲望跟性却没有什么关系，它只是一种控制母亲的欲望，孩子企图全盘地控制母亲，把母亲变成自己的仆人。只有一种孩子会染上这样的欲望，那就是被母亲宠坏了的孩子，他们对世界上的其他人从未产生过同类感。在一些非常罕见的案例中我们会看到这样的现象：某男孩只跟自己的母亲保持联系，还将母亲视为自己解决婚恋问题的中心。不过此人生态度所隐含的意义却是：他无法想象与母亲之外的任何人进行合作，没有任何其他女性值得他的信赖，会像他的母亲这样对他顺从。因此，俄狄浦斯情结其实从来都是一种在错误的养育方式下所产生的人为产品。我们没有必要去假设人有遗传的乱伦本能，或者去想象这种越轨现象在其源头上与性欲有关。

如果孩子的母亲总是把孩子束缚在自己的左右，一旦母亲不在孩子的身边，孩子的麻烦就会接踵而至。比如，孩子在上学或者跟其他孩子在公园玩耍的时候，就总是想着要和母亲在一起，只要和母亲分开就令他十分烦恼。他总是希望把母亲拖在身边，占据母亲的全部思想和注意力。他有许多手段可以施展，他可以成为母亲的乖宝，显得柔弱无助，招人怜爱。他随时随地都可能放声大哭或者生病，这表明他是多么需要照顾。另一方面，他也会大发脾气，表现得很不听话，或者跟母亲大吵大闹，只是为了得到母亲的关注。在问题儿童之中我们发现有成千上万个是属于被宠坏的孩子，他们千方百计地想要牢牢抓住母亲的注意力，并且拒不接受外部环境的一切要求。

为了高效地占有母亲的注意力，孩子会想出各种花样手段，在这方面他很快就能驾轻就熟。被宠坏的孩子通常都害怕一个人独处，尤其不愿意一个人待在黑暗中。他们害怕的其实不是黑暗本身，而是企图利用这种恐惧心理把母亲吸引到自己的身边来。

有一个这种类型的被宠坏的孩子就总是在黑暗中啼哭。有一天夜里，他的母亲听见了他的哭声就过来问他："你为什么害怕呢？""因为太黑了。"他回答说。但是他的母亲看透了孩子这个行为的意图。"现在我来了，"她说，"还黑吗？"黑暗本身无关紧要，他对黑暗的畏惧心理只是意味着他极不愿意跟母亲分开。假如他跟母亲分开了，他就会调动他的全部情绪，全部力气和全部智力创造出一种条件，逼迫母亲回到他的身边，重建母子之间的亲密联系。为了达到这个目的，他会发出尖叫，他会大声呼喊，他会睡不着觉，或者采取别的手段制造很大的动静。在这种种手段之中，有一种手段时常吸引教育者们和心理学家们的注意，这就是害怕。对于个体心理学来说，我们并不打算找出引起害怕的原因，而是致力于辨识出害怕的意图。一切被宠坏的孩子都有害怕的毛病：因为害怕，他们就能成功地吸引大人的注意力，于是他们就把害怕的情绪编织进他们的生活方式之中。他们充分利用害怕的情绪来确保自己达到重建与母亲的亲密关系这一目的。一个胆小的孩子其实是被宠溺的孩子，而且他期待着再次得到宠溺。

有的时候，这种被宠坏的孩子还会做噩梦，在睡梦中大声哭叫。这种症状是人们熟悉的，但是如果我们坚持认为睡眠与清醒是相反的状态，那么这样的症状就无法得到理解。

这样的认识其实是一种错误，睡眠和清醒并不是互为矛盾的，相反，睡眠只是清醒状态的一个变种。

孩子在睡梦中的行为举止和在白天中差不多是一样的。他改换了一个环境之后，目的还是想对他的整个身心产生有利于自己的影响，在经过几次训练和实践之后，他就能找到最有效地达成自己目的的手段。即便在睡梦中，迎合他的意图的各种想法、图像和记忆也会涌入他的头脑中。有过几次实践经验的被宠坏的小孩很快就能发现：如果他想要恢复和母亲的亲密接触，最有效的方法就是表现出害怕。宠坏的孩子即便在长大以后，他们还经常性地做使他们恐惧焦虑的梦。梦见了可怕的事就成为赢得母亲注意力的屡试不爽的手段，该手段因为反复使用这时候已经成为习惯。

这种利用恐惧心理的意图太明显了，因此我们如果听说某个被宠坏的孩子从来不会在夜间折腾倒要十分惊讶了。吸引注意力的手段可以开出很长很长的节目单。有的孩子会嫌睡衣不舒服，有的孩子会在夜里吵着要喝水，有的孩子害怕窃贼或野生动物，有的孩子没有父母陪伴在床边就不能入睡，有的孩子做梦，有的孩子从床上掉下来，有的还会尿床。我曾经医治过一个被宠坏的孩子，她好像在夜里没有什么动静。她的母亲反映说她睡得很踏实，不做梦也不会半夜醒来，不会制造任何麻烦，那只是因为她在白天已经闹够了。这样的事情听起来让人感到非常惊讶。我罗列了所有能够引起母亲的注意力、把她拉近到孩子身边的种种症状，没有一条跟这个孩子沾边。最后我想起了一种可能。"她在哪里睡觉？"我问她的母亲。"她和我一起睡。"这是她的回答。

生病往往是被宠坏的孩子的避难所，因为他们在生病的时候可以比平常表现得更加顽劣骄纵。这种孩子中有不少人在生病之后开始有了问题儿童的表现，或者说生的那场病让这孩子看上去像一个问题儿童。事实却是，当这个孩子恢复了常态，他就能够想起生病期间的胡闹。当孩子被宠溺到那样的程度的时候，母亲就不能够再娇惯他了，于是孩子就作出问题儿童的表现以示报复。有的时候一个孩子注意到别的孩子因为生病成了家中被关注的中心，于是他也想着生一场病，甚至他去亲吻那个生病的孩子，希望能把疾病传染到自己的身上。

有一个女孩在医院里住了四年，医生和护士都把她宠坏了。她刚出院回到家的头几天，她的父母还是比较宠溺她。可是过了几个星期，他们对她的关注有所降低。如果她的某个要求得不到满足，她就会把手指伸进嘴里说："我是住过院的。"她提醒别人说她曾经是个病人，她想要延续她曾经享受过的优越待遇。在成人当中我们也能见到同样的行为，这样的人喜欢经常谈论他们得过的病，或者曾经接受过的手术治疗。

但从另一方面说，也有一些孩子生病的时候跟父母胡闹，病愈之后就恢复到常态，不再打扰别人。我们已经讲过，生理缺陷对于一个孩子来说是额外的负担，但我们也看到仅仅是生理缺陷还不足以解释孩子的种种性格缺点。因此我们怀疑，对生理缺陷的治疗与孩子的性格改善之间是否存在必然的联系。

有一个孩子在家中是老二，不断地给大人制造麻烦：撒谎、偷窃、逃学、为人残忍，不服教化。他的老师不知道怎么教育他，警告说只能把他送进少年管教所。就在这个时候孩子病倒了。他得的病是髋关节结核，打上了石膏在巴黎躺了半年。他恢复健康之后，变成了家中最乖的孩子。我们难以相信他得的这场病能对他发生如此奇妙的作用；不久传来非常明确的消息说，变化的原因是他认识到了之前的错误。他那时总是认为父母偏袒哥哥，觉得自己受到了忽视。生病期间他发现自己成了被关注的中心，备受每个人的关爱和照顾，这孩子的智力足够高明，知道以前认为自己总是被忽视的想法是不对的，立刻就放弃了该想法。

有一种意见认为，纠正母亲常犯错误的最好办法是把所有的孩子都与母亲隔离开来，把他们交给护士或专门机构来照顾，这种意见是很荒谬的。无论我们找哪个人替代母亲，我们都是在找一个人扮演母亲的角色——孩子会对这个人发生兴趣，就像他们对母亲发生兴趣一样。相较而言，训练孩子的亲生母亲就容易得多。

在孤儿院长大的孩子往往缺乏对别人的关注：没有人能在这些孩子与他们的伙伴间架起一座人际交往的桥梁。有人对孤儿院里成长发育得不太好的孩子做过试验，他们找来一名护士或修女来单独照看这样的孩子,或安排这个孩子和另一个家庭生活在一起,由这个家庭的母亲来照顾他和她本人的孩子。

结果表明:如果这位养母挑选得当,孩子的成长将会得到极大的改善。养育这种孩子的最好办法是为他们找到父母亲的替代者,让他们过上良好的家庭生活,如果要把孩子从父母身边带走,那么我们所应该做的一切就是寻找能够圆满地完成父母亲任务的人。我们只需要看一看多少问题儿童是孤儿、私生子、弃儿或者出自父母离异的家庭,就能知道母亲对孩子的关爱和兴趣有多重要了。

继母的身份有多为难,前房儿女常常跟她作对,这是天下皆知的。但问题并非不可解决,我就见过几个成功的继母,但是太多女性并不理解身为继母的处境。在亲生母亲过世之后,孩子们很有可能会把全部注意力转向父亲,并得到了父亲的宠爱。此刻他们会感到父亲的专注被人抢夺了过去,因此就会攻击继母。继母觉得自己应给予还击,孩子们感到了莫大的委屈,她这是向他们挑衅,他们对她的攻击理应比之前更为猛烈。跟孩子的战争从来都是必输无疑的:他永远不可能被击败,也无法通过战斗来争取他的合作。在这种博弈中,最弱的一方往往能笑到最后。长辈要求孩子合作,而孩子却拒绝给予,如果强行向他索要是永远达不到目的的。如果我们认识到合作与爱是不可能通过强力获得的,那么这个世界上就会省去难以计数的紧张对峙和无用的努力。

父亲在家庭生活中的地位作用与母亲是旗鼓相当的。首先来说，父亲与孩子的关系不是特别亲密，他的影响要在以后才能逐渐显现。

前面我们已经描述过：母亲如果不能将孩子的兴趣扩大到父亲身上将隐伏着巨大的危害。如果出现这样的状况，孩子的社会感的发展将会严重受阻。如果一个家庭的婚姻不美满，将会使孩子陷于危险的处境之中。他的母亲会觉得无法将父亲容纳进家庭生活之中，因此她就想着独自整个地占有孩子。父母双方都把孩子视为他们人为大战当中的一枚棋子，两者都企图把孩子争取到自己这边，希望孩子爱自己胜于爱对方。

如果孩子发现了父母亲之间的纷争，他很快就能学会利用这种纷争让他们来争夺自己。如此一来事情就会演变成一场竞赛：看谁能更好地控制孩子、更宠孩子。孩子处在这样的一种氛围之下，是不可能训练出合作精神的。因为他所亲身见闻的其他人的合作就是他的父母亲的合作，如果父母亲的合作乏善可陈，就不能指望他们教孩子学会合作。更大的问题还在于：孩子对婚姻以及异性伴侣的最初认知就是来自于对父母婚姻的第一印象。在不幸的婚姻下长大的孩子，除非他们的最初印象得到纠正，不然他们会对婚姻一直怀着非常悲观的认识。甚至在他们成人之后还坚持婚姻一定会以不幸告终的看法。他们会设法躲避异性，或者他们先入为主地肯定自己没法和异性打交道。

假如父母亲的婚姻不是社会生活的和谐产物，不能体现出合作精神，没有为孩子的社会生活做好准备，那么这个孩子的精神成长就会受到严重的伤害。

婚姻的含义是两个人为了双方共同的福祉、为了孩子的福祉、也为了社会的福祉而建立起来的伙伴关系，无论在哪个方面失败，它都不再与生活的要求和谐一致了。

既然婚姻是一种伙伴关系，没有哪一方能凌驾于另一方，所以就需要我们对此付出比习惯性的做法更多的深思熟虑。在家庭生活的整个导引过程中，没有必要动用威权，假如家庭成员中的哪一方特别显示出先声夺人的气势，或者受到了比其他所有人更多的照顾，那就是件不幸的事。假如父亲表现得飞扬跋扈，试图主宰家中的所有其他成员，那么儿子们就会获得一种错误认知，认为男人就应该这样。而女儿们为此遭受的痛苦更甚，在未来的人生道路上她们会把男人都想象成暴君的形象，婚姻在她们的理解中就是一种奴役和压迫。

有时候在他们之中可能会滋生出性变态的行为，这是他们用以保护自己反抗异性的方式。如果母亲在家中处于独裁的地位，不停地对所有人颐指气使，这样的话情形就颠倒过来了。女孩们很有可能会模仿母亲的行为，自己也变得尖酸刻薄起来。男孩们会长期地处于防御态势，害怕受到指责，小心翼翼地防备别人想要控制他的企图。

有的时候不仅是母亲表现得强势专横，连姐姐和姨姑也会加入控制男孩的联合阵线。男孩在非常憋屈的环境下成长，再也不想有所作为，也不愿意加入社会生活。他害怕所有的女性都会这样咄咄逼人地对他，讨厌吹毛求疵的态度，他恨不得摆脱所有的女性。没有人喜欢受指责，但是如果有人把躲避批评看成是生活中的第一件要紧的事，他和社会的全部关系都会受到牵连。他对每一件事的看法和判断都只是依照自己的认知模式进行的。"我是征服者还是被征服者？"如果一个人把他跟所有其他人的关系简单地图解为输和赢，那么跟这样的人建立平等的友谊就是根本不可能的事。

《画家亚历克西斯和他的家人》 [法]杜飞 1906

为父之道的策略可以用几句话来概括：他必须把自己表现成是妻子、孩子和社会的好伴侣；他必须恰当地处理好生活中的三大问题——职业、友谊和爱情；他还必须以平等的方式与妻子相处，照顾和维护家庭；他不应该忘记女人在创造家庭生活中的作用是无法替代的，打压母亲不是他该做的事情，他只能和母亲通力协作。

尤其是在对待金钱的问题上，我们要强调的是：假如父亲是家中的经济来源，他的收入也还是共同财产，他绝对不应该让人留下他在施舍，而别人在坐享其成的印象。在一个美好的婚姻关系中，父亲挣钱养家只不过是家中分工不同的结果。有很多父亲利用自己的财权作为统治家庭的手段，家庭之中不应当出现统治者，并且任何让人造成不平等的感觉的事情都应当避免。

每一位父亲都应当注意到这样一个事实：我们的文化过度强调了男人的特权地位，造成的结果就是他的妻子在婚后某种程度上害怕被主宰，害怕处于一种弱势的地位。父亲也应当知道：不能仅仅因为妻子是一个女人，无法和他一样挣钱养家，他就有理由歧视她。无论妻子是否对家庭的经济作出贡献，只要家庭生活中确实存在着真正的合作关系，那么不管是谁挣钱、钱属于谁都不要计较。

父亲对孩子们的影响非常重要，许多孩子终生都仰望着他，或者把他当作自己的偶像，或者当作是自己最大的敌人。惩罚，尤其是体罚总会对孩子造成伤害。任何以非友善方式进行的教化都是错误的。很不幸的是，惩罚孩子的任务通常都落在了父亲的身上。我们有足够的理由说明为什么这种状况是不幸的。

首先，它从母亲那一方表明女人没有能力教育好她们的孩子，表明她们确实是弱者，需要一个强有力者的支持帮助。当母亲对孩子说"等你爸爸回来收拾你"这句话的时候，她就是告诉孩子要把男人视为最终的威权和生活中真正的权力拥有者。其次，它扰乱了孩子们与父亲的关系，使得孩子们惧怕父亲，而不是把他当作一位好朋友。也许有的女人担心如果她们惩罚孩子就会失去孩子们对她们的爱，但是把惩罚的任务移交给父亲也不是解决之道。孩子们并不会因为这个而减少他们对母亲的埋怨，因为她请来了一个执行者来帮她的忙。很多女人用"告诉你爸爸"的威胁手段来迫使孩子服从自己。孩子们会从男人在生活中所扮演的角色中得出什么样的结论呢？

如果父亲以一种行之有效的方式来面对人生的三大问题：职业、友谊和爱情，他将会成为家庭中不可或缺的主心骨，一个好丈夫和好父亲。他平易近人地与人相处，朋友众多。在他与朋友交往的时候，他已经把他的家庭转变成了围绕在他身边的社会生活的一部分。他不会孤独，也不会被传统的观念所束缚。来自家庭以外的影响可以进入家庭，他在社会感情和社会合作方面为孩子们作出有益的指导。不过，如果丈夫和妻子各自与不同的朋友来往，这当中还是存在着一定的危险的。夫妻二人还是应该生活在同一个社交领域里，避免因朋友圈子的不同而造成隔阂。

我的意思当然不是说夫妻二人做什么事都应该在一起，永远不要单独行动，而是说，如果他们想要在一起不应该存在困难。比如，丈夫不想把他的妻子介绍给自己的朋友，这时候夫妻二人的交流困难就出现了。在这样的情况下，丈夫的社交生活中心就外在于家庭了，孩子们如果能够懂得家庭是一个庞大社会里的一个细胞单位，家庭之外也有很多值得信赖的人和伙伴，这对于他们的成长是极有价值的。

假如父亲和他自己的父母兄弟姐妹能够和睦相处，这说明他有非常出色的合作能力。当然，他必须离开他的原生家庭去独立生活，但这并不意味着他可以不喜欢他的至亲，甚至可以断绝与他们的来往。

有的时候一男一女婚后仍然依恋自己的父母，并且高度看重与自己原生家庭的联系，当他们说起"家"这个概念的时候，他们指的是父母的家。如果他们执着于他们的父母仍然是家庭中心的这个想法，那么他们将无法进行属于他们自己的家庭生活。这里牵涉到一个跟所有人的合作能力都有关系的问题。

有时候男方的父母在强烈的嫉妒心驱使之下，想要了解儿子生活的一切，这就给新家庭带来不少麻烦。妻子感到没有受到足够的尊重，对于公婆的干涉感到非常恼火。如果男方是违背父母的意愿而结的婚，这种事情就尤其容易发生。这里谈不上男方的父母是对还是错。在他们的儿子结婚之前，他们可以反对他的选择，但是在儿子结婚之后，他们只有一条路可走——他们必须竭尽所能地促成儿子的婚姻美满。

如果家庭的分歧无法避免，丈夫也应当理解这样的分歧，并且不必为之忧心忡忡。他应当把父母的反对态度看成是老一辈人的错误，然后尽自己所能地把一切安排好，证明自己才是正确的。夫妻双方谁都没有必要屈从于父母的意愿，但是假如男女双方的家长能够很好地合作，如果妻子感到公婆考虑到的是她的幸福和利益，而不是他们自己的好处，那么事情显然就要好解决得多。

人们对一个父亲的最大期待莫过于职业问题的解决。他必须具有一项良好的职业素养，他必须能养活自己和家庭。在这方面妻子也应当成为他的贤内助，孩子在长大以后也能对他起到帮助作用，在我们当前的文化条件之下，经济责任主要落在了男人的肩上。要解决这个问题，男人必须工作，而且必须勇于进取，他必须了解自己的职业，明白该职业的优势和劣势，他必须有能力与职场上的同僚友好合作，并获得他们的积极评价。

父亲职业的含义还不止于此，他自己的职业态度为孩子树立了样板，告诉他们如何应对职业中出现的各种问题。因此他必须考察成功解决问题的必要条件是什么——是找到一份有益于全人类并且能促进全人类福祉的工作。至于他本人是否认为他的工作有用，这倒并不重要，重要的是这份工作本身应当有用。我们并不需要倾听他说了什么，如果他认为自己是个利己主义者，那就太可惜了，但是如果他做的事情确实有利于我们的共同利益，那也就没什么大问题。

现在我们来讨论爱情和婚姻的问题，以及如何建立一个幸福而有意义的家庭生活的问题。对丈夫的首要要求是他必须关爱自己的生活伴侣，一个人是否关爱另一个人是很容易看出来的。如果他关爱着另一个人，对方所感兴趣的事情他一定也会感兴趣，并且他会自发地把对方的利益当作是本人的目标。如果仅仅停留在喜欢的层次上，那还不能算是情爱，有许许多多的情爱足以证明这样的夫妻关系是琴瑟和谐的,这种情况我们见得足够多了。丈夫必须是妻子的同伴,他必须为了她想方设法把日子过得轻松惬意,他还应该取悦妻子。只有当夫妇双方把二人世界的共同利益看得高于他们的个人利益的时候,真正的合作才能产生。两个人对对方的关爱程度都必须超过对自己的关爱。

一个丈夫不应该在孩子面前过多地表现对妻子的喜爱之情。诚然,夫妇之爱是不能与他们对孩子的爱相提并论的。这是两种不同性质的爱,不能用一方削弱另一方。但有的时候如果夫妻二人在孩子们面前表现得卿卿我我,会让孩子们感到自己的空间受到了挤压。他们会产生妒意,会制造纷争。在对待性关系的问题上,不能缺少严肃性。在对性问题作出讲解的时候,应该父亲对儿子讲,母亲对女儿讲,父母不要主动去提供一些信息,而要根据孩子所希望了解的程度以及他的发展阶段所能理解的程度去解释。

我相信在我们这个时代存在着一种倾向:父母亲向孩子解释他们完全不能迅速领会的知识,并使他们产生不恰当的兴趣和感情。这样一来解释性事的任务就快速完成了,仿佛性事是件稀松平常的小事。这种时尚做法并不比欺骗孩子、对一切有关性的内容讳莫如深的老派做法更高明。最好的方法是了解孩子所想要知道的东西,然后回答他本人正在思索的问题,而不是从我们自己的水准出发,把我们认为人人都应知道的常识强加于他。我们维护他的信任,维护他心中持有的那种感觉:我们正在与他合作,非常乐于帮助他去解决他的各种问题。如果我们这样做了,就不太可能犯大错误。顺便说一下,有些父母担心他们的孩子会从他们的小伙伴那里听到一些关于性事的有害解释,这种担心是没有必要的。一个在合作和独立性方面得到良好训练的孩子不会受困于他的伙伴们的传闻,孩子们在对待这些问题时常常表现出与他们的年龄所不匹配的敏锐和精细。"街头传闻"永远不会伤及一个刻意拒绝错误观点的孩子。

在我们当前的社会里,男人总是能得到更多参与社会生活的机会,他们可以更多地了解社会体制及其利弊,了解他们自己国家的道德关系,以及在世界上总体性的道德关系。很不幸的是,他们的活动范围比起女人来要广阔得多。因此在这些问题上男人就成为他的妻子和孩子们的顾问。他不应该吹嘘自己见闻广博,也不应该用自己的见闻获利。他不是家里的导师,而应该像对待朋友那样提出建议,避免所有的对抗抵触,如果对方同意他的看法就很高兴。假如对抗抵触是来自妻子那一方,而妻子在合作方面又没有受过良好的训练,他就不应该坚持自己的观点,或者企图动用威权,而应该想别的办法消除对方的抗拒,通过抗争的办法是不可能获取胜利的。

不应该过度强调金钱,或者让金钱成为争吵的主题。总的来说，没有经济来源的女性普遍会比她们的丈夫对金钱问题更为敏感，如果指责她们挥霍浪费，她们会感到受伤很深。财政方面的事务应该在家庭经济能力的范围之内，以合作的方式来进行处理。妻子或孩子都没有理由利用自己的影响迫使父亲入不敷出，从一开始家庭全体成员就应该在开支问题上达成协议，这样就没人会有那种接受施舍的屈辱感或者感到自己受到了不公正的待遇。

作为父亲，不应当认为仅仅用钱就能保障孩子的未来。我曾经读过一本美国人写的很有趣的小册子，这本小册子描述了一个出身寒门后来发迹的富翁，他希望自己的后世子孙都能摆脱贫穷和困顿。他去找了一个律师问他应该怎么做。律师问他多少代子孙保持富贵才能让他满意，他回答说他自认为有能力让十代子孙过上富贵日子。"是的，您能做到，"律师说，"但是您想过没有，到了您的第十代子孙，每个人都有五百多位先祖，对于他们而言，每位先祖都跟您一样重要？五百个甚至更多的家庭都有权利说自己是他的后人，那么请问，他还是您的子孙吗？"从这里我们又可以看到这样一个事实：无论我们为我们的子孙后代做什么事，我们都是在为整个共同体做事，我们无法割断与我们的同胞的联系。

如果家庭当中没有威权，那么就应该存在真正的合作。父亲和母亲应该在每一个事关孩子的教育问题上达成共识，通力协作。最为重要的是，无论是父亲还是母亲都不能对他们的孩子中的某一个表示出任何的偏爱之情，偏爱的危害是怎么强调都不为过的。

少儿时期所有的挫折感差不多都是因为他觉得另外一个孩子受到了偏爱。有的时候这种感觉并没有根据，但是只要有真正的平等存在，就不会给这种情绪的滋长提供温床。如果父母亲有重男轻女的表现，那么女孩心中的自卑情结就是无法避免的。孩子们总是非常敏感，即使是一个非常优秀的孩子在怀疑别的孩子受到偏爱的情况下，都有可能走上一条完全错误的人生道路。有的时候某一个孩子发展得快了一点，或者在某个方面表现得尤其卓越，在这种情况下不对这个孩子表现出某种喜欢是很困难的。父母亲应该有足够丰富的阅历和技巧来避免表现出这种偏心，否则这个一马当先的孩子就会让别的孩子相形见

《科学家》［挪威］爱德华·蒙克 1911/1927

绌,加重他们的无能感。他们可能满怀妒意,怀疑自己的能力,他们的合作能力也会受到重大打击。身为家长,仅仅是做到自己不偏心还是不够的,还应当留意观察是否有哪一个孩子心里面怀疑父母亲偏爱别的兄弟姐妹。

现在我们讨论一下具有同样重要意义的家庭合作问题,也就是孩子之间的相互合作。如果没有让孩子们感觉人人平等,人类就无法为培养他们的社会感情打下良好的准备基础。

如果不能做到对男孩和女孩一视同仁,两性之间的关系就会持续不断地产生极其严重的问题。很多人问:"为什么同一个家庭里出来的孩子彼此差别这么巨大?"一些学者解释说是遗传的差异使然,但在我们看来,这种说法没有依据。

让我们来打个比方,孩子的成长就好比小树的生长,如果有几棵树在一起生长,每一棵树的具体处境都不尽相同。其中的一棵树长得快是因为它享受到更多的阳光,它的土壤条件更好一些，这样它的生长就会影响其他所有树木的生长。它会挡住别的小树接收阳光，它的树根向四周扩张夺走了别的小树的养分。后者于是非常矮小，生长受阻。在家庭生活中如果某位成员特别受宠，情况也是一样的。

我们在前文已经交代过，无论是父亲还是母亲都不能在家中占据过于先声夺人的控制地位。如果父亲的事业十分成功，或者本人非常干练，常常会让孩子们感到无法达到他的成就，他们的无能感会加剧，对生活的兴趣会受到阻碍。正是由于这个原因很多名人的孩子经常会让他们的父母和社会失望。孩子们看不到追赶他们父母的希望之路，如果父亲在他的行业里取得了巨大的成功，他在家中就不应当强调自己的成功，否则孩子们的发展会受到干扰。

在孩子们当中情况也是如此。如果其中的一个孩子发展得格外出色，他极有可能获得最多的关注和偏爱。对他来说是非常乐于接受的好事，但是其他孩子感觉到这种差异之后只有生气的份，没有哪个人能毫无怨恨和愤怒地忍受自己受到比某个人更低程度的对待。这样一个优秀的孩子会毁了其他所有的孩子，毫不为过地说，其他孩子在成长的过程中将受到精神疲沓的困扰。他们将无法停下追求优越感的脚步，因为这样的追求永远无法止歇。不过他们的这种追求到头来会偏离正确方向，要么脱离现实，要么对社会无益。

个体心理学在按照出生顺序探究孩子的优势和劣势方面，

打开了一个非常广阔的空间。为了把考察形式简单化，我们设想父母合作良好，在教育和训练孩子的事情上都能做到尽心尽力。家中每个孩子的地位都不尽相同，他们在成长过程中面临的情形也都是前所未有的。我们必须重申：虽然是同一个家庭，但也没有哪两个孩子的情况是一模一样的，每个孩子所表现出的生活方式都是他调整自己以适应自己独有的环境所得到的结果。

家中的第一个孩子曾经经历过一段独苗的时光，突然之间要接受老二出生的事实，不得不调整自己，适应新局面。通常第一个孩子都被赋予过很多的关注和溺爱，他习惯了成为家中的中心，可是他发现自己的这个中心位置被剥夺了，这种事情往往发生得太突然太猝不及防。第二个孩子出生了，第一个孩子不再是家中唯一的掌上明珠，此刻他必须和对手分配父母亲的注意力。这一变化给他造成了很大的影响，我们看到不少问题儿童、精神病患者、罪犯、酗酒者和心理变态者都是来自这种环境。他们是家中的老大，由于老二的出生感受到了深深的危机，由此产生的特权被剥夺感塑造了他们的整个生活方式。

别的孩子也会以同样的方式失去自己的地位，但是他们的感受多半不会像老大这么强烈。他们已经经历过和另一个孩子的合作。他们从一开始就不是受关注和受照顾的唯一对象，而对于老大来说，这意味着翻天覆地的变化。如果弟弟妹妹的出生确实造成了他受到父母的忽视，那么我们就无法指望他心平气和地接受这一事实。如果他心存怨恨，我们也无权指责他。

当然，如果他的父母能确保他继续享受到他们的爱，如果他知道他的地位是安稳的，最为重要的是，如果他做好了迎接弟弟妹妹的准备，如果他接受过和父母合作照看弟弟妹妹的训练，就可以安然无恙地度过危机。但是在通常情况下，老大是没有做好准备的，新出生的婴儿会夺走大人对他的注意力、关注和疼爱。他会努力把母亲拉回到自己的身边，并想着重新获得她对自己的关注。有时候我们可以看到母亲就是这样被两个孩子你抢我夺的，每一个孩子都想比对方获得更多的关注度。在动用强力和想鬼点子方面，老大是占有优势的。在这种情形下他会怎么做我们是可以猜度出来的，通常来说，我们在他那种位置下为达成自己的目标所能做的，他都能做得和我们一模一样。

比如说，我们会想尽办法地烦扰母亲，反抗母亲，表现出一些性格特点让她无法忽视我们。这些花招他同样会玩，他不惜以最粗野的方式动用一切手段，到最后他耗尽了母亲的耐心。他的母亲终于厌倦了他制造的种种麻烦，这时候他开始体验到不再被爱的滋味了。他为了争夺母亲的爱而战斗，结果却反而失去了母亲的爱。以前他感到自己被边缘化，而现在他种种行为的结果却是他真的被边缘化了。他觉得道理在自己这边。"我早就知道是这样。"他有这样的感觉。别人全都是错的,只有他才是对的。他仿佛落入了一个陷阱之中:他挣扎得越厉害,处境反而变得越是糟糕。一时之间,他对于自己处境的判断想法都被证实了。如果一切都表明他是有道理的,他怎么可能放弃抗争呢?

对于所有的抗争案例,我们都应该深入调查个体所处的环境条件。如果母亲予以回击,孩子就会变得性情暴躁、粗野、吹毛求疵且不服管教。如果他再次向母亲发难,父亲往往会给他一个恢复受宠的机会。于是他开始对父亲发生兴趣,一心要获得父亲的注意力和关爱。年龄最大的孩子常常更喜欢父亲,偏袒父亲的立场。我们可以肯定的是,但凡一个孩子开始偏爱父亲的时候,他已经进入了第二个阶段:最初他非常依恋母亲,但是现在她不再疼爱他,于是他把那种眷恋转移给了父亲,这算是对母亲的声讨。如果一个孩子偏爱父亲,我们知道他此前已经历经了一场悲剧,他感到自己受到了轻视,不再被当回事,他对此耿耿难忘,他整个的生活方式都是建立在这种感觉之上。

这样的抗争要持续相当长的时间,有时候甚至会持续终生。孩子学会了斗争和抗拒就会在任何环境下都作出抗拒的反应。也许没有任何人能激起他的兴趣。于是他的心里熄灭了所有的希望,相信自己不可能赢得任何人的感情。这样的人的性格特征可以归结为暴躁易怒、内向保守、无法合群。

孩子在把自己往与世隔绝的方向推进。他的一切活动和言语表达都指向了过去，他曾经是关注中心的那段时光。由于这个原因，家中的长子（或长女）通常都会以这种或那种方式表现出对过去时光的留恋。他们喜欢回望过去，谈论过去。他们憧憬过去，对未来充满了悲观。

有的时候，失去对小小王国的统治权的孩子比起其他孩子对权力和威权的重要性理解更深。在他长大以后，他会游刃有余地玩弄权谋，过分夸大法令规章的重要性，一切都要照章执行，没有一条规章是可以更改的。权力只能掌握在那些配得上权力的人手里。我们可以理解童年时代的这种影响会极有可能将人导向保守主义。如果这样的人为自己谋得了一个很好的职位，他会整天怀疑其他人从他的背后赶上来，还打算将他取而代之，废黜他现在的地位。

长子（或长女）的处境是一个很特殊的问题，不过这个问题并非不可以善加利用，从而转弊为利。如果在弟弟妹妹出生的时候，家中最大的孩子已经学会了与人合作，他就不会感觉受到伤害。我们发现有很多长子（或长女）已经发展出了保护并帮助他人的主动意愿。

《画家的家人们》　[法]亨利·马蒂斯　1911

他们已经学会了效仿自己的父母，时常在弟弟妹妹面前扮演父母的角色，照看他们，教导他们，自觉地担负起保护他们的职责。他们之中有的人还表现出卓越的组织才能。这些都是很好的现象，虽然保护他人的意愿可能会被扭曲成促使那些监护人依赖自己并让自己统治他们的心理。依据我本人在欧洲和美国的经验来看，问题儿童中比例最大的是家里的长子或长女，比例次之的是家中最小的孩子，处于一头一尾两端位置的人制造出极端的问题，这真是个有趣的现象。我们的教育方法目前为止还没有成功地解决长子或长女所面临的困境。

家中老二的处境跟老大则是截然不同，与其他的孩子的处境相比也是不可同日而语。从他一出生开始，他就跟别的孩子分享大人的注意力，因此他比老大更容易学会合作。他在自己的环境之下形成了一个更大的人际圈，如果老大不跟他作对，不处处打压他，他的处境还是会不错的。他的处境里最突出的意义在于：他的整个童年时代都有一个带头人相伴，无论是从年龄上还是发展上来说，他的前面都有一个人供他模仿、表现和追赶。

典型的老二是很容易识别出来的。他的一举一动都像是在参加一场竞赛角逐,仿佛前方有人超过了他两三步,他正努力迎头赶上。他自始至终都在开足马力向前。他一直训练自己要超越老大,打败他。

《圣经》给了我们很多精彩的心理学启示,其中雅各的故事就生动地描写了一个典型的次子形象。他渴望出人头地,取代哥哥以扫的地位,击败以扫,战而胜之。作为老二的孩子如果发现自己居于人后会非常不高兴,他会拼尽全力地去试图超越所有挡在他前面的人,他往往能够获得成功。很多时候老二比老大更聪明,总是更成功。我们的意思不是说遗传在这个发展过程中起了什么作用。老二进步得快,只是由于他付出了更多的努力。即使在他长大以后离开原生家庭,他也还是会继续寻找并利用一个带头人作为目标,把自己跟一个他认为遥遥领先的优秀人物相比,努力试图赶上他。

我们不仅仅在一个人清醒的状态下能看到这样的特征,就是在睡梦中也能轻而易举地发现。比如,长子(或长女)常常梦见自己从高处坠落。他们原先处于最高的位置,但他们没有把握能保持自己的优势。相反,次子(或次女)常常梦见自己在赛跑。他们在追赶火车,或者参加自行车比赛。有时候这种你追我赶的梦境本身就足以让我们猜到做梦人是家里的老二。

然而我们必须说,这样的规律并非固定不变。最先出生的孩子不一定表现得就像个老大,起决定作用的是具体环境,而不是出生的先后次序。在一个大家庭里面,后出生的孩子的处境往往和老大相类似。也许最前面的两个孩子出生的时间比较接近,其后隔了比较长的一段时间,第三个孩子才问世,然后又有两个孩子相继出生。在这种情况下,老三就有可能表现出长子(或长女)的全部特征。次子(或次女)特征也是一样的,典型的次子(或次女)特征很可能表现在家中的老四或老五身上。只要有两个孩子出生时间相接近,并且跟其他孩子的出生时间相隔较远,他们就会显示出长子(或长女)和次子(或次女)的诸多特征。

如果老大在竞争中落败,这时候他会暴露出一系列问题。如果他保持了领先的位置,压制住了弟弟妹妹,那么这时候制造麻烦的就是老二。如果老大是男孩,老二是女孩,那么老大的日子就会难过一些,因为他面临着被一个女孩超过的危险,这样的事情以我们当今的社会眼光来看,是一件让他感到极其丢脸的事情。

男孩和女孩之间的角逐其程度要超过两个男孩或者两个女孩之间的角逐。在这样的竞赛中,女孩具有先天优势,直到十六岁,女孩在身体和智力方面的发育都超过男孩。遇到此种情形,做哥哥的会放弃竞争,变得懒散、一蹶不振。他会寻找一些歪门邪道来获得征服的快感,比如他会吹牛或撒谎,碰到哥哥吹牛撒谎的情况,我们差不多可以担保一定是妹妹取得了胜利。我们会看到男孩走上了种种歧途,而妹妹却轻松地解决了各种问题,取得了令人惊叹的进步。

这种困境其实是可以避免的,但是必须预先洞察到可能存在的危险,并且在造成损害之前采取防范措施。要想在一个家庭之中完全避免坏的结果,只有一个条件:在这个家庭里面,所有的成员平等合作,大家都没有竞争的感觉,孩子不会感到有敌人在威胁自己,他更没有必要花费时间去抗争。

除了最小的孩子,所有其他的孩子都有弟

弟妹妹，他们在家中的优越地位都可能失去，唯有最小的孩子不可能失去。他没有弟弟妹妹，但是他有很多带头人，他从来都是家中的宝贝，极可能是最受宠的孩子。他因此面临着所有受宠孩子的问题，由于他多方面受到刺激鼓舞，也由于他面临着很多的竞争，最小的孩子常常能得到异乎寻常的发展，比其他孩子进步得都快，把他们全部甩在身后。

在人类历史上，最小孩子的地位从没有改变过。在最古老的故事里面我们能读到最小的孩子是如何胜出他的哥哥和姐姐的记载。比如，在《圣经》中最后获胜的总是最小的孩子，约瑟就是这样一个杰出的范例。尽管约瑟出生十七年后又有了弟弟本雅明，但是本雅明对于约瑟的成长没有起到任何影响，约瑟的生活方式是典型的最小孩子的生活方式。他总是在坚持并维护自己的优越感，哪怕在梦中都没有改变。他的哥哥们在他面前必须低眉顺眼，他使他们所有的人都相形见绌。他的哥哥们非常明白他的梦是什么意思，因为他们和约瑟在一起生活，他的生活态度表现得十分明显，因此他们不难理解他的梦。约瑟在梦中所激起的感觉他们也曾经有过。他们害怕约瑟，必定要除之而后快。然而约瑟却从幺儿一跃成为家中的魁首。后来，他成为整个家族的顶梁柱。

最小的孩子常常成为整个家庭的顶梁柱，这绝不是偶然的。人们经常听说并传颂有关幼子力量的故事。事实上，他处于一个非常有利的地位，他从母亲、父亲和哥哥们那里得到广泛的帮助，多方面的因素激发了他的雄心，推动了他的努力，没有人会从背后给他使绊子，或者分散他的注意力。

然而，我们前面已经看到，问题孩子的比例占第二的也是这些最小的孩子。其中的原因通常在于全家人对他的溺爱。<u>一个被过度溺爱的孩子是永远也无法独立的，他已经丧失了依靠自己的努力去获得成功的勇气。</u>最小的孩子往往都是雄心勃勃的，但是最有雄心的孩子又几乎全都是懒散的孩子，懒散是雄心与无能感混合后的产物：雄心太过于高远，个体看不到一点实现它的希望。有时候，最小的孩子不愿意承认自己有过什么抱负，但原因恰恰在于他事事都想独占鳌头，他希望自己不受限制，独一无二。因此我们很容易理解，最小的孩子也会有低人一等的自卑感，因为在他周围的所有人都比他更年长、更强大、更富有经验。

独生子女又有他自己的问题。他有一个竞争对手，不过这个对手既不是兄弟也不是姐妹。他的竞争感来自父亲。独生孩子都会受到母亲的宠爱，母亲害怕失去这个孩子，总是把他锁定在自己的关注范围之内。于是孩子会产生所谓的"恋母情结"，他整天绕着母亲的围裙转，想把父亲扫地出门。要避免这样的现象只有通过父母亲良好的合作，让孩子对两个大人都感兴趣。

然而在大多数的情况之下，父亲与孩子的交流是比不上母亲与孩子的互动的。长子（或长女）往往很像独生孩子，他们一心想打败父亲，又喜欢跟年长于他们的人打交道。独生孩子往往害怕家中多了弟弟妹妹。父母的朋友会对他说："你应该有个弟弟或妹妹。"这件事孩子十分不快。他希望自己永远都是注意力的中心。他觉得这是他的权利，如果他的独尊地位受到了挑战，那是巨大的不公平。等到后来的生活中，他不再是被关注的中心，他就面临着许多问题。

独生子女成长发展的另一个充满危险的可能性在于：他出生在一个谨小慎微的环境之下。如果是出于身体的原因，父母亲不能生育更多的孩子，我们能做的也就是竭尽所能地去解决这个唯一的孩子的问题。但是我们经常发现有的家庭明明可以生养更多的孩子而实际上只有一个孩子，父母亲过于谨小慎微，人生态度较为悲观。他们觉得他们如果生养了更多的孩子，经济上就无力负担。整个家庭气氛充满了焦虑不安，这对于孩子的影响非常不好。

如果孩子之间年齿相距较大，那么每个孩子或多或少都会具有独生子女的特征。这种情况不是非常有利。时常有人问我："你认为孩子之间的年龄差距以多少为最佳？""孩子之间的年龄是越接近越好，还是应该相距稍大一些为好？"从我自己的经验来看，我认为年龄差距在三岁左右最合适。因为在三岁这个年龄段的时候孩子能够学习合作，此时另一个孩子出生当然是很理想的。这孩子的智力已经能够理解家里已经不止他一个小孩。如果他只有一岁半或者两岁，我们是无法跟他讨论这个问题的，他理解不了我们在跟他讲什么。因此，我们就没有可能让他做好弟弟妹妹到来的准备。

在一个生养了许多女儿的家庭中长大的独生子会面临着许多烦恼。他生活在一个被女性包围的环境之中。在绝大多数的日子里父亲是缺席的。他只能看见他的母亲、他的姐妹，以及家里的女佣。他感到自己和她们是有差异的，就在与别人的疏离与隔阂的感觉中成长起来了。如果这里的一众女性联手起来攻击他，他那种疏离感和隔阂感就尤其强烈。她们认为她们应该给这个孩子一点教训，或者她们是想证明给他看，他并没有什么自负的理由。如此一来会造成大量的敌意和抗拒。

如果这男孩排行居中，他的处境就很可能坏得无以复加了——敌人会对他两面夹击。如果他是长子，他面临着跟一个非常聪明伶俐的妹妹比赛竞争的危险。如果他是最小的孩子，他可能会被当作宠物一样对待。

在众多姐妹当中作为独子存在，这种状态是没有多少人喜欢的。不过，如果孩子们能共同分享一种良好的社会生活，他又能够与更多的小朋友交往，问题还是可以得到解决的。不然，在女性环绕下长大的男孩子就可能在行为举止上变得女性化。女性环境与混合环境的差别是很大的。如果一套公寓房间不是标准化装修，而是根据居住者的个人品味进行设定布置，那么我们可以肯定地说，女性居住的房间一定是洁净清爽、井井有条的，颜色经过了仔细挑选，每个细节都予以了考虑。如果居住者是成年男子或男孩，房间里就不会如此整洁，而会显得相当粗糙，充满噪声和破损的家具。在女性之中长大的男孩子会发展出女性的品味，对生活的态度也有明显的女性倾向。

从另一方面来说，他也会强烈地抗拒这种氛围，刻意地强化自己的男性特征。他会保持警觉不让自己受到女性的主宰。他会觉得他必须保持自己的独特性和优越性，但是总会有一种紧张感与此相伴。他的发展会走向极端，他要么变得十分强大，要么变得非常弱势。这种状况并不多见，非常值得研究和探讨，我们还需要研究更多的案例才可以更多地谈论它。在众多男孩中长大的独生女情况也是比较类似的，她很容易发展出极其女性化或极其男性化的特征。通常来说，这样的女生一生都有不安全感和无助感伴随在她的左右。

我在研究成人案例的时候，总是发现他们在童年时代接受的印象会一直延续下来。他在家里的地位对他的生活方式留下了不可磨灭的烙印，成长过程中的每一个烦恼都是由于家庭中的竞争以及缺乏合作这两个大因素引起的。我们环顾一下周边的社会生活，追问一下为什么相互竞赛和对抗是最为司空见惯的现象——实际上，不仅我们的社会生活是如此，而且整个世界都没有例外——然后我们就会认识到人们到处都在追求一种成为征服者的目标，一心总想着把别人打趴下、超越别人。这个目标的设定是童年时代的经历所导致的结果，是孩子觉得自己跟家中的其他成员地位不平等而产生的竞争和对抗意识所导致的结果。我们只有帮助孩子培养出更好的合作精神，才能够去除掉这些不良的后果。

《在操场广场上玩耍的儿童》 [丹麦]皮特·马吕斯·汉森 1907

School Memories

7

学校的影响

要让孩子学会独立思考，
要给他们更多的机会去熟悉文学、艺术和科学，
在他们长大以后要分享人类全部的文化成果，并为之作出贡献。

学校的影响

学校是家庭的延伸。

如果父母有能力教育好他们的孩子，并且使他们有足够的能力解决生活中的各种问题，那么学校教育就没有存在的必要了。在有些文化形态下，孩子的教育完全在家庭中进行，这也是常有的事。一个工匠会把自己的手艺全部教给儿子，并且把自己从祖辈那里学来的技能，加上自己在实践中得到的经验对孩子们倾囊相授。而我们当前的文化对我们提出的要求却更加复杂，必须借助学校来减轻父母的负担，将他们刚刚开始的教育工作接手过去。社会生活对年轻人提出了相当高的教育要求，比我们在家庭内部教育所能达到的水准要更高。

美国的学校没有经历过欧洲所走过的全部发展阶段，但有时候我们还是能看到威权传统留下的遗迹。在欧洲教育的历史上,最初只有王公贵族才能接受学校教育,在当时只有他们这种社会地位的人才被认为是有价值的,而其他人只能做好自己的工作,不可有非分之想。再到后来,社会限制逐步放宽,教育的职能被宗教机构接管了过去,若干被选中的平民可以在宗教、艺术、科学和职业训练方面接受教育。

在工业技术迅猛发展的年代,这些教育形式就显得不合时宜了。争取扩大教育面的行动是一项长期的事业。过去,城镇里的教员、校长常常是补鞋匠和裁缝,他们奉行一套棍棒教育的理念,教育的结果当然是乏善可陈。只有宗教学校和大学才开设科学和艺术的课程,那时候甚至连皇帝本人都不通文墨,如今就是对于一名普通工人,读和写、计算和绘图都是必要的技能,我们今天所熟知的公立学校就这样建立起来了。

然而,这些公立学校是根据政府的需求建立起来的,那时政府的需求是希望老百姓顺从听话,能够服务于上层阶级,随时可以应征作战。学校的课程科目就是为了适应这一目的而设置的。我记得在奥地利这样的情形有一段时间仍部分存在。让底层阶级受教育是为了让他们顺从,使他们能够胜任符合他们社会地位的工作。这种类型的教育暴露出越来越多的弊端。自由思想在蓬勃发展,工人阶级日益壮大,并提出更高的要求。公立学校依据他们的要求作了适当的调整。

今天普遍流行的教育理念是：要让孩子学会独立思考，要给他们更多的机会去熟悉文学、艺术和科学，在他们长大以后要分享人类全部的文化成果，并为之作出贡献。我们培养孩子的目的不再只是为了让他将来挣钱养家糊口，或者在庞大的工业机制下找到一份职业。我们要培养的是能够成群结伴的人，为了我们共同的文化事业能够精诚合作的平等、独立而负有责任意识的伙伴。

所有提出学校改革方案的人，不管他们是否清楚，他们都是在寻找一条在社会生活方面加强合作的路径。

例如，性格教育的要求背后就隐藏着这个意图。如果我们从这个角度来看问题的话，毫无疑问这是一个正当的要求。然而从整体而言，教育的真正目的和技术手段还没有得到彻底的理解。我们必须找到这样的老师，他们不光能教会孩子挣钱的本事，还能教会孩子为了全社会的福祉而作出贡献。他们必须能够认知到这份工作的重要意义，并接受专业的训练。性格教育目前仍然没有突破试验阶段。我们的思考要把僵化的体制排除在外，因为在那里根本没有严肃的、组织良好的性格教育的尝试。即便在学校里，性格教育的结果也不能使人满意。有的孩子在进入学校之前已经在家庭生活中遭到了失败，尽管在学校里接受了各种教导和劝说，他们的错误还是没有被清除。因此，我们应该做的只有一件事，那就是训练教师理解孩子们在学校如何发展，并在其中起到积极的帮助作用。

这曾经是我自己从前很大的一部分工作内容。我相信维也纳的很多学校都在这方面走在前列。在别的很多地方我们都能看到心理学家给孩子们诊治，会给他们提出一些建议。然而，除非教师同意这些建议，并知道如何去付诸实施，否则这些建议何用之有？

心理学家每星期与孩子相见一次或两次，甚至可能一天一次，但他并不真正了解孩子所处的环境，学校和家庭，以及家庭外围给孩子带来的影响。他只能开出药方说应该给孩子加强营养，或者说孩子应该接受甲状腺的治疗，或许他还可能对教师暗示说要给孩子提供一点特殊的照顾。然而，教师并不能领会药方的意图何在，对于如何避免错误也没有经验。如果他不了解孩子的性格，他完全是无从下手的。

因此，我们迫切地需要心理学家与教师之间进行最密切的合作。教师必须全方位地了解心理学家的一切所想，这样，在他们讨论过孩子的问题之后，他就可以自行采取措施，而无需外援。如果出现了不可预料的问题，他应该知道如何去做，反过来也一样，心理学家在碰到问题的时候也知道如何处理，仿佛老师就在旁边。最实用的方法似乎是求助于顾问委员会，我们在维也纳就建立过这样的组织，我将在本章的末尾介绍该组织是如何运转的。

孩子第一次进入学校的时候，他面临着社会生活的一次新的考验，这场考验将暴露出他的人生发展中的许多缺点错误。

此刻他在比以往更为广大的空间里学习合作，如果他在家中被宠坏了，那么很可能他不情愿离开家中的温床，而加入由许多孩子组成的新团体。这样，在学校开学的第一天，我们就能看到一个被溺爱的孩子在社会感上的诸多缺失，他可能会大声哭闹，吵着要父母把他带回家去。他对学校的功课和老师都毫无兴趣，别人说了什么他根本不会用心去听，因为他自始至终所想的都只是他自己。显而易见，如果他继续这种以自我为中心的态度，在学校里将必然处于落后的状态。

经常有问题儿童的家长跟我们说，他们的孩子在家里从不惹是生非，只有在学校里才会制造事端。我们有理由怀疑这个孩子觉得自己在家里有一种得天独厚的优越地位，在家里是

《贝多芬》 [意]菲利斯·卡索拉蒂 1928

没有考试的，行为举止的错误也不明显。然而在学校里没有人宠溺他，他有一种受挫感。

有一个孩子从他上学的第一天起，只顾嘲笑老师说的每一句话，他对学校功课提不起丝毫兴趣，老师认为他的智力比较低下。我给他看病的时候问他说："大家都觉得很奇怪，你在学校里的时候为什么总是笑个不停呢？"他回答说："学校是爹妈跟孩子开的玩笑，他们把孩子送进学校是为了捉弄他们。"原来他在家里经常受到戏耍，他于是相信换了一个新环境也不过是一场针对他的新的恶作剧。最后我说服了他不要过度地维护他的尊严，不是所有人都惦记着捉弄他。结果他开始对学校功课产生兴趣，取得了不小的进步。

学校老师的一项重要职责是发现孩子们的困难，纠正家长们的错误。教师们会发现，有的孩子已经为更广大的社会生活做好了准备，他们的家庭已经教会了他们要关心其他人。还有一些孩子尚未对此做好准备。面对问题，一个人如果没有做好准备，他就会犹疑、退缩。每一个功课不好，但绝非智力有缺陷的孩子在面对调整自己适应社会生活这一问题时难免会犹豫不定，谁能帮助他们适应新的形势？非他们的老师莫属，老师们占据了条件最为有利的位置。

但问题还在于，老师应该如何向孩子伸出援手？他的正确做法和母亲是一样的——紧密地联系孩子，对孩子高度关注。孩子能为自己的整个未来作出什么样的调整，全部依赖于他此刻的兴趣。用严苛的手段或惩罚是永远不可能激发出他的兴趣的。如果一个孩子来到学校却发现无法跟老师和同学架起沟通的桥梁，在这样的情况下最糟糕的应对态度就是对孩子的批评和指责。

这样的方法只能再清楚不过地证明，他不喜欢学校太有道理了。我必须承认，如果我是一个孩子，在学校里总是被责骂训斥，我对老师的兴趣就会转移得无影无踪。我还会想方设法换一个环境，总而言之就是要躲避学校。但凡逃学、表现很差的学生，他们的外表都给人一种愚钝并且难以管教的感觉，对于他们之中的绝大多数人来说，学校是一个人为设立的、给人增添烦恼的场所。这些孩子并非真的愚钝，他们在编织逃学的理由或者伪造家长的签名的时候，经常表现出高度的聪明伶俐。在学校之外，他们结识了很多"前辈的"逃学学生，从这些同伴那里获得了比在学校环境下多得多的认同。他们真正为之感兴趣，并且声言值得自己去投入的圈子不是学校，而是小团伙。我们可以看到，不能被学校班级吸收为集体成员的孩子在这种情况下很容易被教唆，从而走上犯罪的道路。

如果教师打算吸引孩子的注意力，那么他就必须懂得孩子之前的兴趣点在什么地方，然后要肯定这名孩子一定能在他感兴趣的领域以及其他诸多领域里取得成功。如果一个孩子在一件事上充满自信，那么引导他再向别的事情上努力就容易得多。因此，从一开始我们就要弄明白孩子是怎样看待世界的，他对于哪一种感觉器官运用得最为得心应手，熟练程度最高。有的孩子对视觉最感兴趣，有的孩子则是偏爱听觉，还有的偏爱运动。

视觉优先型的孩子最容易对需要用眼观察的科目感兴趣，比如地理课或绘画课。如果老师在讲课的时候孩子们不注意听讲，这表明他们不是很适应在听觉状态下保持专注。如果这样的孩子没有机会接触需要用眼观察的课程，他们的功课就会落在别人的后边。人们想当然地会以为这样的孩子缺乏能力和天赋，责任就可能归咎到遗传的问题上。

如果说有谁应该受到责备的话，那就一定是老师和家长，他们没有发现真正能激发孩子兴趣的方法。我并不建议孩子的教育一定要专门化，而是建议要大力开发孩子对某一样事情的兴趣，然后再通过鼓励的方式将这种兴趣扩大到其他领域。在我们今天这个时代，有些学校的课程传授方式能够调动孩子的所有感官，例如模型制作、绘画练习与传统的课程结合起来。这个潮流值得肯定,应当得到进一步的发展。

《绘画课》 [法]亨利·马蒂斯 1919

教授所有课程的最好方式，都是与社会生活相结合，这样孩子们就能理解教学的真正目的何在，以及他们所学内容的实用价值。

经常有人提出这样的问题：是把功课传授给孩子好，还是教他们独立思考好？在我看来，这个问题中包含截然两分的做法太过于僵化了，两种方法不妨结合起来。比如，在上数学课的时候，可以把房屋建造的内容结合起来，让孩子去计算需要使用多少木材，房屋里面有多少人入住等等，这样一来教学效果会非常好。有的课程很容易放在一起教授，有的教师非常擅长把生活当中的各个方面融合起来。比如，教师可以和孩子们一起散步，散步的过程中发现孩子们对什么最感兴趣。同时教师还可以跟他们讲解各种植物及其结构的知识、植物的生长和用途、气候的影响、土地的自然特征、人类种植的历史以及生活中的方方面面。当然我们必须预先假设这个教师对他所教的孩子怀有真切的爱心，如果我们不能作这种假设，受教育的孩子就无希望可言了。

在我们当前的教育机制下，我们发现，通常孩子们刚上学的时候，他们的心理更多是做好了竞争的准备，而不是合作的准备，对竞争的训练持续了整个的学校生涯，这对于孩子来说不啻于一场灾难，如果孩子拼命保持领先，绷紧了全身的神经要击败其他所有的孩子，这比他落在后面打算放弃努力还要糟糕。在这两种情形下，他首先只会对自己感兴趣。

帮助别人，为团体作贡献不再是他的目标，他的目标只是保障自己能赢得利益。

正如家庭是一个整体，每个成员都是平等的一分子一样，班级也是如此。如果一个班级里的孩子都受到了这样的教育，孩子们就会真正地做到互相关心，享受合作。我曾经亲眼目睹了很多"困难"孩子，他们通过关心自己身边的伙伴并与他们合作从而彻底改变了他们的人生态度。

我在这里要特别提一个孩子，他觉得自己家中的每一个人都对他怀有恶意，在学校里他同样认为学校里的每个人也都对他不怀好意，他的功课非常糟糕，他的父母听说以后在家里把他狠揍了一顿。这种情况太普遍了：一个孩子学习成绩不好，在学校先被狠狠地责骂，把成绩单拿回家后又被惩罚一次。被责罚一次已经足够令人沮丧的了，双倍惩罚简直堪称恐怖。无怪乎这个孩子总是学习成绩很差，在班里不断地干扰别人。最后我们找到了一个老师，他对整体情况非常了解，他向班上别的孩子说明了这名差生的困境，原来他以为所有人都在跟他作对。后来他赢得了全班同学的帮助，他相信大家其实都是他的朋友，于是他的整个人生导向发生了逆转，取得的进步完全出乎人们的想象。

有人怀疑有没有可能真的以这种方式教会孩子互相理解和互相帮助，但是依照我的经验来看，孩子们对互相帮助和合作的理解往往比大人还要出色。有一次一位母亲带着两个孩子到我的诊所来，一个是三岁的男孩，另一个是两岁的女孩。小女孩爬上了桌子，把她的母亲吓得魂飞天外，她紧张得动弹不得，只能一个劲地叫嚷："下来！快下来！"可是小女孩却不加理会。三岁男孩却说了一句："趴在那里别动！"女孩立刻就趴下来了。他比母亲更了解自己的妹妹，知道这种情况下应该怎么做。

为了提高一个班级的凝聚力和合作精神，我们常常听到的一个建议是让孩子们自己管理自己，但是我认为这种尝试还是应该慎重一些，必须在老师的指导下进行，确保孩子们做好恰当的准备。否则我们将会看到孩子们对于他们的自治活动的态度并不是十分严肃，他们很容易把它看成是一场游戏。结果，他们会比老师表现得更为严酷而苛责，他们可能会利用开会来为自己谋得好处，或是互相指责，互相羞辱，或是争夺优势地位。从一开始教师就应该在旁边监督并提出建议，这一点是非常必要的。

如果要了解孩子的智力发育程度、性格和社会行为，我们不可避免地要进行某种测试。有的时候，一场测试，比如智力测试可以拯救一个孩子。比如有一个男孩的学习成绩很差，老师打算让他留级,他接受了一次智力测验,结果表明他完全可以升级。我们应当认识到,对一个孩子的未来潜力我们是永远都无法预测的。智商只能用来帮助我们了解孩子面临着什么样的困难,以便我们找到解决困难的方法。就我自己的经验而言,一个人只要确实不存在智力障碍,只要我们发现正确的方法,他的智商就可以改变。我发现,如果允许孩子们把智商测验当游戏玩,孩子们熟悉了这种测验,掌握了技巧,增加了测验的经验,他们的智商得分就能提高。总而言之,智商不应该被看作是被命运或遗传因素决定的、限制孩子未来成就的一个东西。

孩子的智商分数不应该让孩子本人以及他的父母知道。因为他们并不了解这种测试的目的何在,他们会把这样的结果看作是一种最终判决。教育当中的最大困难不是孩子自身的局限,而是他认为自己身上有什么局限。如果一个孩子知道自己的智商很低,他可能就丧失了希望,认为成功跟他无缘。在教育活动中我们要把精力用在为孩子加油打气,提高他的兴趣,突破他的限制上——这种限制是他通过自己对

《坐着的女孩》 [意] 菲利斯·卡索拉蒂 1938

生活的理解强行施加于自己的。

　　学校成绩也是如此。如果教师给了学生一个很差的评语，他是希望这样能激励学生更努力地学习。但是如果孩子的家教非常严格的话，他就不敢把成绩单拿回家去，他可能会离家出走，甚至涂改成绩单。这种情形甚至有时候造成孩子自杀的结果。因此，教师应该认真考虑可能发生的后果是什么。他们不需要为孩子的家庭生活及其对孩子的影响负责，但是他却应该把这些因素考虑进去。如果父母望子成龙，当孩子带回来一张很差的成绩单的时候，家里很可能激起一场轩然大波，孩子免不了大受申斥。

　　如果教师的心肠柔和一些，评语给得宽容一些，孩子就很有可能受到鼓励而积极进取，从而取得成功。如果一个孩子得到的学习评语总是很差，所有人都把他看成是班级里最差的学生，渐渐地他自己也相信了，甚至认为这是无法改变的事实。其实，即使最差的学生也是可以提高成绩的，在那些最著名的人物中，都有足够多的例子可资证明：学校里差生完全可以恢复自己的信心和学习兴趣，并取得了不起的成就。

有一个非常有趣的现象值得我们注意：孩子们普遍不需要参考任何一张成绩单，互相之间就能对彼此的能力有相当准确的判断。他们非常清楚地知道班上哪一位同学分别在数学、拼写、绘画和体育运动方面独占鳌头，对自己在班级上的排名次序也是心中有数的。他们最常犯的错误是不相信自己能取得更出色的成绩。他们看到别人在自己的前面遥遥领先，就不相信自己能迎头赶上。

假如一个孩子固执于如此的知见之中，那么他在未来的生活中一定会把这种错误的认识带到周边环境之中去。在成人世界里，他会计算自己与别人的差距，并认为他永远都是落在别人的后面。学校里的绝大多数孩子在班级里的排名或多或少是相对固定的，他们的名次就是前列、中等或垫底当中的一个。我们不能根据这样的事实就一口咬定孩子的学习成绩或多或少是由天赋决定的。其实这个结果只是说明孩子们分别给自己设下的限制、他们的乐观程度以及他们的行动范围。

如果一个在班级里长期垫底的孩子突然开始取得令人惊讶的进步，这绝不可能不为人注意。孩子们应该认识到这种自我设限里的错误，教师和孩子们都应该破除掉一个迷信——中等智力的孩子所能取得的进步取决于他的遗传因素。

在教育过程中所发生的所有错误中，那种遗传决定论是最糟糕的错误。它给教师和家长提供了回避自己错误的借口，从而放松自己的努力，于是他们可以不用担负起感化孩子的责任。每一个逃避责任的行为我们都应该反对。如果教育工作者把性格和智力的发展原因全部归结于遗传因素，我真的看不出这样的人在他的职业生涯里能有什么建树。相反，如果他看到他自己的态度和努力是怎样影响了孩子，他就无法从遗传学的观点里找到任何逃避责任的托词。

我这里说的不是生理学的遗传，生理缺陷的遗传问题是无需讨论的。我相信，只有个体心理学才是充分理解生理缺陷对于心智发育影响的重要性的。儿童在他的意识里是能够体验到他的器官的运作程度的，他根据他对自己的缺陷程度的判断来决定给自己的发展设限。影响孩子心智发育的并不是生理缺陷本身，而是孩子对自己缺陷的态度，以及以此为逻辑所进行的实践活动。

如果一个孩子为自己的生理缺陷所烦恼，那就特别需要告诉他没有理由认为自己在智力或性格的发展上受到了局限。我们在前一章的内容里已经说明了，同样的生理缺陷可能成为激发人付出更多努力以获得成功的推动力，也可以成为阻碍人发展的绊脚石。

在我第一次提出这个结论的时候，很多人指责我的观点不够科学，说这是与事实冲突的个人观念。然而，这个结论却是从我的经历中得出来的，并且支持这个论点的论据还在不断地累加。如今很多精神病学家和心理学家也都开始支持该观点，那种性格由遗传决定的论调可以称之为迷信了，这一迷信已经存在了数千年。但凡有人想逃避责任，对人类行为采取宿命论的观点，这种遗传决定论就必然会出现。

其最简单的形式是认为：一个孩子在出生的那一刻起就已经被决定了他是个良善之人还是奸恶之徒。很容易看出此种形式的说法完全是无稽之谈，只有那种迫切地想要逃避责任的人才会支持这种学说流行。像许多其他性格的定义一样，"善"与"恶"只有在一个具体的社会语境下才有其意义，这对概念是在一个社会环境之下，在人类同胞之中化育出来的结果，它们隐含了一个判断："有利于其他人"或者"伤害了其他人"。

在一个孩子出生之前，他还没有进入这个意义上的社会环境之中。在他出生的时候，两种发展方向对他来说都是潜在可能的。至于他选择哪一条道路，这就取决于他从他的环境中、从他所得到的印象中、从他自己的身体那里得到的印象以及感知，也取决于他对这些印象和感知所作出的解读，而他所受到的教育对他的发展方向起到了特别重要的决定作用。

智力遗传也属于这种情况，虽然这方面的证据还不够明确。智力发育的最重要因素是兴趣，而我们已经看到制约兴趣的并不是遗传因素，而是信心的缺失和对失败的畏惧。大脑的结构在某种程度上得自遗传，这是没有争论的，然而大脑只是思维的工具，并不是心智的源泉。大脑的缺陷只要不是严重到我们当前的科学知识无法弥补的程度，就能够通过训练来克服这一障碍。在每一项超常能力的背后我们看到的其实并不是特别的遗传因素，而是长期的兴趣与训练。

即便我们发现，有一些家庭连续几代人都为社会贡献了禀赋超凡的精英人才，我们也无需认为是遗传基因在里面起了作用。相反，我们应当想到其中一位家庭成员的成功对其他成员起了激励作用，而且这些家庭的传统允许孩子们从事自己感兴趣的活动，并通过练习和实践不断地砥砺自己。

比如，我们都知道伟大的化学家李比希是一个药店老板的儿子，我们无需想象他在化学上的才能得自遗传，实际情况是他的环境允许他去从事自己的兴趣活动，知道这一点就足够了。在大多数同龄孩子还不知道什么是化学的时候，他已经熟练地掌握了大量的化学知识。

莫扎特的父母非常喜欢音乐，但莫扎特的音乐才能却不是遗传得来的。他的父母希望他也喜欢音乐，给予了他各种鼓励。从最早的时候起，他整个的成长环境就充满了音乐的元素。

通常来说，在这些杰出伟人的身上我们都发现了"很早开始"这样一个事实：他们有的从四岁开始弹钢琴，有的在非常年幼的阶段就开始给家里的其他成员写故事。他们的兴趣很持久而且也能坚持不断。他们的训练自觉而又广泛，他们始终保持着高昂的情绪，从不犹豫，更不会退缩。

如果孩子坚持认为他自己的发展受到了限制，那么这种

他们的训练自觉而又广泛,

他们始终保持着高昂的情绪,

从不犹豫,

更不会退缩。

《致敬莫扎特》 [法]杜飞 1915

先入为主的自我设限是没有哪一位老师能够去除掉的。假如他对一个孩子说："你没有数学天分。"对他自己来说是轻松了，可是对孩子而言却是严重挫伤了他的信心。我自己在这方面就有过亲身体会，我在上学的时候曾经有几年是班上的数学差生，曾经一度非常确信自己完全缺乏数学禀赋。幸运的是，有一天我成功地解答出了一道我的老师都被难倒了的数学题目，这大大出乎我的意料。这次成功彻底改变了我对数学的态度。之前，我对这门功课完全失去了兴趣，而此刻我开始享受它，利用每一个机会来提高自己的数学能力。结果，我成了学校里最出色的数学尖子。这次经历帮助我在今天认识到特殊天才论、天生才能论的荒谬之处。

即使是在人数众多的班级，我们也能观察到孩子们之前的差异，如果我们能了解他们的性格就能更好地对待他们，这个效果要比不加区别一视同仁地对待好得多。班级人数太多显然是一个不利条件，一些孩子存在的问题会被隐藏起来，要做到因材施教难度很大。作为一名教师，必须做到非常熟悉所有的学生，不然他将无法培养孩子们的兴趣和合作精神。我认为一个班的孩子如果连续多年由同一位教师陪伴对孩子们是很有好处的，有的学校里每隔六七个月教师就换一次班级，如此一来教师就没有足够的机会与孩子们共同相处，无法了解他们存在的问题，追踪他们的发展。如果一名教师陪伴孩子们达三四年的时间，他就更容易找出孩子在生活方式上的错误并予以纠正，当然把班级整合成一个互帮互助的社会团体也成为一件容易的事。

通常来说，孩子跳级并不利于孩子的发展，因为他往往会背负太多他无法实现的期待。跳级的原因很可能是因为考虑到孩子与他目前班级上的同学相比年龄偏大，或者是他比同学接受能力强很多。如果班级是一个团体，我们认为，一个学生的成功就应该成为激励其他同学进步的有利因素。如果一个班级里有特别出众的孩子，那么整个班级的进步应该呈现出加速状态，水平呈大幅度提升的趋势。所以说如果让这样的孩子跳级，使全班失去了这一激励的因素，对其他孩子是非常不公平的。我建议在平常的功课学习之外，给那些天赋异禀的孩子提供一些其他的活动机会，培养他在其他科目上的兴趣，比如说绘画。他在这些活动上取得成功之后又可以带动其他孩子的兴趣，激励他们更上一层楼。

如果让孩子留级，那将是更为不幸的事。所有的学校教师都有一个共识：留级生无论在学校还是在家里都是一个问题孩子。实际情况并非绝对如此，少量的留级生完全不会给老师和家长增添任何麻烦。当然，大多数的留级生确实在学习方面比较落后，而且也爱惹是生非，他们的同学对他们都不太看好，而他们对自己的学习能力也持一种悲观的态度。这确实是一个很困难的问题，依照我们目前的学校常规还不可能轻而易举地取消差生留级的做法，有的教师利用休假时间教导差生，帮助他们认识到自己生活方式的错误，于是避免了留级。一旦认识到自己的错误，差生就能在下一个学期的学习中顺利地步入正轨。实际上，这也是我们为了帮助落后学生唯一能做的实事：让他认识到自己在对自己能力的评价中所犯的错误，之后我们就可以放手让他自己去努力获得进步。

每次我看到学校把学生按他们的学习成绩分成快班和慢班的时候，就注意到了一个非常突出的现象。不过我需要说明一下，我的大部分经验都是来自欧洲，我不能保证我的评论对美国也同样适用。

在慢班里我发现智力发展迟缓的孩子与来自穷困家庭的孩子混杂在一起，而在快班里我发现大多数孩子都来自富裕的家庭。这个事实似乎是很容易理解的。贫困的家庭对于孩子的学前辅导准备得不那么充分，父母们面临着太多的困难，腾不出时间来教育孩子，或许他们自己就没有受过良好的教育，没有能力辅导孩子。当然我绝不认为没有接受过良好的学前辅导的孩子就应该被送进慢班，训练有素的教师会知道如何弥补孩子在学前辅导方面的不足，这些孩子跟那些享受过良好的学前教育的孩子相处，会从中获益。

如果把这些孩子送进慢班，他们很快就能意识到这一事实，快班的孩子当然也能意识到，而且他们还会看不起慢班的孩子，这就为后者的挫折感和追求个人优越感的扭曲人生观提供了丰富的土壤。

从原则上来说，男女同校的做法是值得大力支持的，这种做法非常有利于加强男生和女生之间的相互了解，也有利于他们学会如何与异性合作。有的人认为男女同校会产生许许多多的问题，其实，这种看法是大错特错的。男女同校是会产生它自有的特殊问题，如果不能认清这一问题，并且将它视作一个实在的问题，男女同校里的两性之间的疏远现象就会比单性学校更为严重。

这其中的一个问题是：在十六岁之前，女孩子通常都比男孩子发育得快。如果男孩子不能理解这一点，他们就很难维持住自尊。他们眼睁睁地看着自己被女孩超越，越来越没有信心。在未来的生活中，他们会害怕与异性竞争，因为他们会想起自己从前的挫败。

赞成男女同校，并且理解这一问题的教师可以在这方面大有作为，但是如果教师不完全赞成男女同校，又对这一问题不感兴趣，他将处理不好该问题。另一个问题是：如果孩子们没有受到良好的规训和监管，就一定会产生性的问题。学校里如何展开性教育是一个非常复杂的问题。教室不是进行性教育的适当场所，如果教师当着全班学生的面讲授性知识，他无法确信是否每一个孩子都正确理解了他所讲的内容。很有可能他已经激发起了孩子们的兴趣，但却不能确定孩子们是否已经做好准备接受性教育，也不能确定他们是否愿意调整这样的兴趣，使之适应自己的生活方式。

当然，如果有个别的孩子想了解更多性知识，私底下向老师请教问题，那么老师还是应该给他作出真实的、坦率的回答。老师有机会判断孩子真正想知道的是什么，从而把他引导到正确求知的道路上去。然而，如果在课堂上经常讨论性问题就不是恰当之举了，有的孩子肯定会误解，把性当作无关紧要的事情将不会带来任何好处。

对于任何学习过如何了解孩子的人而言，将孩子以及他们的生活方式作不同类型的区分不是一件很困难的事。对孩子的合作能力的观察可以参考他的外在仪态、视听方式、他和其他孩子所保持的距离、他结交朋友的从容程度，以及他的注意力和专注度。如果孩子忘了做功课，或者丢了课本，我们可以判断他对学习不感兴趣。我们就必须找出为什么学校让他如此反感的原因。如果他不喜欢参加其他小伙伴们的游戏，我们就可以判断他有一种孤独感，以及以自我为中心的意识。如果他在做作业的时候总是习惯于向他人求助，我们就能看出他缺乏独立感，时时盼望着得到别人的支持。

有的孩子只有在得到表扬和赞美的时候才愿意做作业。很多被宠坏的孩子只要能得到老师的关注就会把学校功课做得很好。一旦他们失去了这种特殊照顾的地位，麻烦就开始了。如果他们不被关注就会撂挑子不干，旁边没有观众，他们的兴趣就会戛然而止。对于这样的孩子，数学往往是个很大的挑战和困难。假如只是要求他们记住几条公式或定理，他们的表现令人啧啧称奇，但是如果要求他们独立解答一个问题，他们立刻就不知所措了。这种现象看起来似乎只是个小小的缺点，但一个孩子如果总是寻求他人的帮助，总是需要别人的关注，这样的人将对我们的共同生活构成莫大的危险。如果这种态度不作改变，他在成人以后还会持续地向他人索要帮助。无论何时只要一有问题出现，他的反应就是强使别人为他解决。他的整个一生都不会为其他人的利益作贡献，而是永远地依赖别人。

时时刻刻想成为关注中心的孩子，还有一种表现：如果不能达到目的，他就会用种种破坏性的方式重新争取别人的注意，比如搞恶作剧、扰乱全班秩序、收买其他孩子、成为所有人讨厌的对象。责骂、惩罚改变不了他，他反而在其中找到了乐趣。他宁愿被痛责一顿也不愿意被人忽视。他的行为所引起的痛苦正是他为了自己的快乐所付出的代价。很多孩子感到自己正在迎受一场挑战：检验自己能否经受得住惩罚而把自己的生活方式坚持到底。他们好像正在参加一场竞赛或角逐，看谁能坚持得最久。他们总是最后的赢家，因为主动权掌握在他们自己的手里。于是，那些跟自己的父母、老师作对的孩子在受到惩罚的时候往往不是痛哭流涕，而是面带得意的笑容。

懒散的孩子往往是一个雄心勃勃同时又害怕失败的孩子，

当然那种用懒散作为武器来攻击父母和老师的那种孩子不在此列。每个人对"成功"这个概念的理解都是不一样的，但是有的孩子所理解的失败真是让人感到匪夷所思。很多人看到自己不能够领先于其他所有人就认为自己失败了。即使他们已经取得了成功，只要他们看到有人做得比他们更好，他们就依然觉得自己遭受了失败。一个懒散的孩子从来不会经历真正的失败滋味，因为他不愿意去面对一场考验。他把所有的问题都推阻在身外，一而再地拖延是否跟别人竞争的决定。所有人或多或少都能看明白：只要他不是那么懒，他就能解决他的那些问题。他总是沉浸在美妙的白日梦中："只要我愿意尝试，一切问题都不在话下。"一旦他遭遇到了失败，他总能轻描淡写，保持着自尊："这次只是因为我懒病发作，不是因为能力不够。"

有时候老师会对一个懒孩子说："如果你肯用功，你就会成为班上最棒的学生。"既然他什么都没做就已经获得了这样的名声，那么他还有什么必要去冒险呢——努力学习之后反而丢掉这样的名声？也许他告别懒散，他那种才华未显的名声就告吹了。毕竟人们评价他所依据的是他的实际成绩，而不是他可能取得的成绩。懒散孩子还有一个个人的优势，那就是他只需要稍稍做出一点事情，他就会为此得到表扬。他的每一点改过自新的小举动都是有目共睹的，大家都愿意激励他往前走得更远。同样的事情如果是一个勤奋孩子做出来的，反而不会被人关注。如此一来，懒散孩子就靠着其他人对他所怀有的期望过日子。实际上，他也是个被宠坏的孩子，他从婴儿时代开始就习惯了通过别人的努力来获得一切。

还有一种类型的孩子非常普遍，辨识度也很高，他们在伙伴之中总要充当一把手的角色。固然，人类确实需要领袖，但是只有那些切实地为所有人谋取福利的人才适合做领导，具有这样领导才能的人并不是随处可见的。而喜欢独占鳌头的孩子大多数只是对发号施令、支使人这类事情感兴趣，也只有满足了他的这个需求，他才愿意跟小伙伴们一起玩。这种类型的孩子的未来前途不会非常光明。他在今后的生活中一定会诸多麻烦缠身，如果有两个此种类型的人相遇，无论是婚姻也好，事业也好，还是其他的社会关系，结局不是悲剧就是滑稽闹剧。每一方都在寻找机会宰制对方，建立自己的优越感。有时候一个家庭里的长辈很乐于见到被宠坏的孩子试图凌驾于他们之上，对他们指手画脚地统治，他们会大笑，一个劲地纵容孩子。然而，教师们能够很快看清楚这种性格的养成对社会生活绝非福音。

孩子们千差万别，我们的目的也不在于一刀切，用一个现成的模子去规范所有的孩子。我们的愿望只是阻止一些苗头的发展，此类苗头如不加以遏制，将来显然会导致失败和困难，并且在童年时代表现出来的此类苗头相对也是容易纠正和阻止的。如果任由其发展，孩子到了成年以后这类苗头就会对他的社会生活造成严重的破坏性影响。儿童时期的错误和成人时期的失败两者之间是有直接联系的。没有学会合作的孩子长大以后可能会成为神经症患者、酗酒的醉鬼、罪犯,或者还可能自杀。焦虑性神经症患者害怕黑暗,或者害怕陌生人,再不就是害怕新的环境。忧郁症患者是个爱哭的宝宝。在我们当前的社会条件下,我们不能指望接触到所有的父母,无法帮助他们所有的人去避免犯错。最需要听取忠告的父母恰恰是那些从来不向别人征询建议的父母。但是我们希望能接触到所有的教师,通过他们接触到所有的孩子,将已经铸成的错误更正过来,让孩子们培养出独立的、勇敢的性格,促使他们接受合作方式的生活。在我看来,这样一项工作是对人类未来福祉的最大保障。

正是带着这样的意图,我从十五年前开始在维也纳和欧洲的多个其他城市里建立了个体心理学的顾问委员会,实践证明我们的工作非常富有成效。怀有崇高的理想和远大的希望当然是非常好的事,但是如果不得其法去将它们付诸实现,一切理想都是没有价值的。

据我十五年来的经验来看,我相信我有理由说这些顾问委员会的工作获得了极大的成功,为解决儿童的各类问题以及培养孩子们对他人的责任心提供了我们所拥有的最好的工具。当然,我确信顾问委员会的指导思想如果立足于个体心理学,他们就会取得最大的成功,但是我并不认为我们不需要跟别的流派的心理学家合作。其实我一贯主张顾问委员会应该与各种流派的心理学建立联系，这样就可以把跟每个学派的合作所取得的成果进行比对。

在顾问委员会的方法运作之下，一个训练有素的心理学家对老师、家长和孩子们的问题了如指掌，他和学校里的教师们一起讨论研究学校工作当中出现的种种问题。心理学家去学校访问的时候，其中的一位或多位教师向他描述某个孩子的情况，以及他所出现的问题。这孩子可能很懒散，或者爱起争端、逃学、偷窃，或者成绩很差。心理学家把他自己的经验和盘托出，然后就开始讨论。大家详细描述问题孩子的家庭生活、性格及其形成的过程，问题第一次产生时的外部环境也是要提及的，教师和心理学家一起探究造成问题的可能性原因，以及相关的应对措施。由于他们都有很丰富的经验，所以很快就能得出一个共同的结论。

心理学家访问学校的那天，母子两人也都在场。此前心理学家和教师已经事先商量过如何以最佳方式与母亲沟通，如何能影响她，向她说明她的孩子出现问题的原因。母亲被请进来了，这位母亲有很多信息需要跟大家通报，接下来心理学家和母亲开始讨论问题，在讨论的过程中他会提出帮助孩子的建议。通常而言，母亲会非常高兴有这么一次咨询的机会，也很乐于合作。如果母亲不太乐于合作，心理学家或教师可以讨论相类似的其他案例，从案例中得出的结论她可

《年轻夫妻》 [美]米尔顿·艾弗里 1963

以用在自己的孩子身上。

在此之后，把孩子叫进房间，心理学家跟他交谈，但是谈的内容并不是他犯的错误，而是他所面临的问题。心理学家寻找妨碍孩子健康成长的错误意见和判断，孩子认为他受到了怠慢，别的孩子受到了重视，诸如此类的想法还有很多。心理学家并没有批评孩子，而是跟他作了一次友好的交谈，给他提出了另一种观点。如果他要讲到那孩子真实犯过的错误，他用的是假设的语气，然后征求孩子的意见。孩子对此理解得非常到位，整个态度转变得也非常快，看到这样的情景，任何没有这种实践经验的人都不免会大吃一惊。

我训练的所有教师对这样的实践都乐此不疲，他们谁都不愿意半途而废。这样的实践给他们平日里的学校工作增添了乐趣，也使他们的努力增多了成功的机会。他们没有一个人感到这是一个多余的负担，往往只需要半个小时或者更少的时间，他们就能摆脱纠缠和困扰了他们达数年之久的麻烦。整个学校里的合作精神空前高涨，时隔不久，学校里再也没有严重的问题，只有一些细小的错误需要处理。教师们自己也成了真正的心理学家。他们学会了从整体上去了解一个人的人格，了解该人格各种表现形式之间的一致性。如果在日常生活中再出现什么问题，他们已经有能力自行去处理解决。如果天下所有的老师都能受到这样的培训，心理学家就会变成多余的存在，这实际上也是我们的愿望。

举个例子,假如班上有一个很懒的孩子,教师可以组织全班学生就懒惰问题举行一场讨论,他在主持讨论的时候先提出一系列问题:"懒惰是从哪里来的?""懒惰的目的是什么?""为什么懒惰的学生不肯改变自己?""为什么懒惰这样的毛病非治不可?"孩子们纷纷发言,最后达成结论。懒惰的孩子自己并不知道他就是这场讨论的源起,但是所讨论的问题就是他自己的问题,他对讨论很感兴趣,讨论也让他深受教育。如果直接地指责他,他恐怕一点都不会接受,但如果他愿意倾听,他会认真思考这个问题,很有可能就改变了自己的看法。

要了解孩子们的精神世界,没有人能超过跟孩子们一起学习和生活的教师。教师见识过许许多多类型的学生,如果他掌握足够的技巧,他就能跟每一个孩子建立起密切的关系。孩子进了学校以后,他以前在家里面养成的坏习惯是继续下去还是得到更正,完全取决于教师。

教师就像母亲一样,

他是人类未来的守护者,

他所能作的贡献是不可估量的。

《青春期》 [挪威] 爱德华·蒙克 1894

8

青春期

青春期给成长中的孩子带来了新的环境和新的考验,
使他感到自己接近了人生的前沿。
从前没有被觉察的生活方式中的错误此时暴露了出来。

青春期

图书馆里关于青春期的各类书籍可以说是汗牛充栋,所有这些书都把青春期看作是一个高危的阶段,该阶段能引起一个人性格的根本性变化。青春期确实存在很多危险,但是要说青春期会改变性格这是不确切的。青春期给成长中的孩子带来了新的环境和新的考验,使他感到自己接近了人生的前沿。从前没有被觉察的生活方式中的错误此时暴露了出来。当然这些错误一直都是存在着的,就是在以前也能被经验丰富的人看破。青春期到来之后,这些错误日益明显,再也不能被忽视。

几乎每一个孩子都认为,青春期最重要的一件事就是证明自己不再是个孩子。或许我们应该说服他们:他们理所当然不再是个孩子了,如果我们的说服工作有效的话,他们所承受的压力将会得到大幅度的减轻。但是如果他坚持要证明这一点，那么他刻意的过分强调也是在自然的范围之内的。

青春期的很多行为都是急于表现自己的独立性的结果，他们渴望与大人平等，彰显自己的男子汉气概或者成熟女子的风范。这些行为的方向都取决于孩子对"长大"概念所赋予的意义。如果"长大"意味着摆脱束缚，孩子就会反抗各种约束。很多孩子在这个阶段开始抽烟、说脏话、夜不归宿。有些孩子会令人意想不到地对抗父母，他们的父母一下子不知所措，不懂为什么一贯听话顺从的孩子忽然之间变得如此桀骜不驯。但实际上这并不是孩子的态度转变了，表面上顺从的孩子其实对父母一直是有意见的，只是在他拥有了更多的自由和更强大的力量的时候，他觉得可以将自己的怨恨之情溢于言表了。

有一个男孩过去总是被他的父亲狠揍，他表面上显得非常安静、老实，其实他只是在等待报复的机会。一旦他感到自己已经足够强壮了，他就向父亲挑衅，他彻底打败了父亲，然后离开家门扬长而去。

多数孩子在青春期获得了更多的自由和独立。父母不再感到他们时时刻刻都对孩子有监管和保卫的责任。假如父母依然想继续他们的管控行为，孩子一定会态度极为猛烈地试图摆脱这样的控制。父母越是想证明他还是个孩子，他就越是会激烈地抗拒，证明事实正是相反。从这种对抗中会产生出一种叛逆的态度，结果就让我们看到一幅典型的"青春期叛逆"构图。

《裸背》［意］菲利斯·卡索拉蒂 1930

我们无法对青春期的具体时间阶段划分出严格的界限。通常来说大约是从十四岁到二十岁期间，也有的孩子在十岁或十一岁就进入了青春期。这期间男孩的所有器官都在发育成长，有时候身体协调性的功能不是很容易完成。孩子们的个子会长得很高，手脚变大，很有可能不够灵巧敏捷。他们需要加强协调性的训练，但是如果在这个时候他们的身体活动被人嘲笑或批评，他们就会相信自己真的是很笨手笨脚。内分泌腺对孩子的发育也是很重要的，在青春期，孩子的内分泌腺活动也会增加。这不是突然发生的骤变，早在婴儿时期，内分泌腺就已经很活跃了。但是此刻它们的分泌物更多，孩子的第二性征越发明显。男孩开始长胡须，嗓音开始出现破声现象，女孩的身材越来越丰盈，女性化特征更是醒目。这些现象都足以令青少年惶然不知所措。

有的孩子还没有做好成人生活的准备，当职业、社交生活、爱情和婚姻等诸多问题向他逼近的时候，他陷入了一种恐慌感之中。他失去了全部的希望，感到自己无力解决这所有的问题。在面对社会的时候，他腼腆、保守，宁愿离群索居一个人待在家里。至于职业，他找不到一样能够吸引他的工作，确信自己一定是一事无成。在爱情和婚姻方面，他羞于跟异性打交道，不敢去面对他们。如果有人跟他说话，他马上就会脸红，他不知道怎么回答人家才好。每天他都在越陷越深的绝望泥潭中挣扎。直到最后，他被所有的生活问题重重包围,没有人能理解他。他不敢观察别人,不敢对他们讲话,也不愿意听他们说话,他既不工作也不学习,他总是沉潜在幻想里面,生活里只剩下粗鄙的性行为。这已经是精神错乱的症状了,或者叫痴呆症。不过如果把他诊断为精神失常那就错了,有可能的话,还是应该鼓励这样的孩子,告诉他他已经误入歧途,并向他指出正确的道路,那么他还是能被治愈的。当然这个过程不会很容易,因为他的整个生活的教育都必须要进行纠正,必须以科学的眼光来看待过去、当下和未来的意义,而不能用私人的想法去妄加猜度。

青春期的所有危险都是因为面对人生三大问题没有做好适当的训练和准备,如果孩子们害怕未来,他们很自然地就会选择最省力的方法来应付。然而,省力的办法通常都是无用的办法。这样的孩子越是被差遣、规劝批评,他们心中那种站在深渊边上的印象就越是强烈。我们越是把他往前推,他就越是想往后退。除非我们不断地鼓励他,否则任何帮助他的努力都是错误的,那样做只会进一步地伤害他。他过于悲观,过于恐惧,我们已经不能指望他觉得自己还能付出更多的努力。

有不少孩子在这一时期还希望自己仍旧是孩子,他们甚至用幼儿的语言说话,跟比自己年幼的孩子玩耍,假装自己可以永远长不大。当然绝大多数的青少年还是努力地以成人的方式行事。如果他们没有足够的勇气,就会近乎滑稽地模仿成年人:他们复制大人的举止做派,花钱大手大脚,挑逗异性，谈情说爱。

在一些更为困难的情形之下，外向、活跃的男孩不知道如何应对生活中的问题，就开始踏上了犯罪的道路。如果他之前的不端行为没有被发现，他认为自己很聪明不可能被抓住，那么他失足的可能性就尤其大。犯罪是逃避生活问题的一条方便捷径，特别是在经济捉襟见肘、生计难以为继的困境下。因此在十四岁到二十岁之间的青少年，不法行为发生率的增幅极为明显。在这里，我们面临的并不是新的发展态势，而是更大的压力，这种压力把幼童时代就已经存在的缺点暴露出来了。

如果孩子不是非常外向而活跃，便捷的逃避方法就是神经症，很多孩子就是在青春期阶段开始患上了神经症和神经紊乱。每一种精神病症状都在为拒绝解决生活问题提供正当的理由，丝毫不肯降低个人的优越感。

当个体碰到了社会问题，而又没有做好准备以社会方式来处理该问题的时候，就会出现神经症。生活中的困难会制造高度的紧张，处于青春期的孩子身体状况对于这种紧张是尤其敏感的，他全身的器官都会因此受到刺激，整个的神经系统都会受到影响，而器官受到了刺激又可以被用作犹豫和失败的借口。在这种状况之下，个体无论是私下还是当着其他人都会认为：因为他所患有的疾病，他无需负有责任，至此精神病的框架就完成了。每一个精神病患者都声称自己怀有最良好的意愿，他也高度认可社会情感的必要性，以及解决生活问题的必要性。只是具体到他自己就成了普遍要求的例外，他的借口就是神经症。他整个的态度无外是在说："我非常想解决我所有的问题，但不幸的是，我受到了严重的阻碍而无能为力。"在这一点上，他跟犯罪分子是有区别的，后者心里所怀有的恶意是公开的，其社会情感是隐蔽的或者是受到压制的，很难说这两者谁对人类的利益伤害更大，神经症患者的动机是良好的，但是他们的行为却与良好的动机相脱节而显得可气可憎，自私自利，刻意阻碍他与别人的合作，而犯罪分子的恶意却公开得多，他处心积虑地压制他所残存的社会情感。

大量的青春期问题孩子都是在家里被宠坏的，我们很容易看出来，对于那些从小习惯了一切事情都由父母包办的孩子来说，当成年人的责任向他们接近时，那种特殊的压力感是不言而喻的。他们仍旧期待着被宠爱，但是随着他们的年龄一点点增大，他们发现自己不再是受关注的中心。他们指责是生活欺骗并辜负了他们，他们在一种虚拟的温暖氛围下长大成人，而外界的空气竟然是刺骨的寒冷。在这个时候，他们的发展趋势却发生了明显的逆转，被寄予最大厚望的孩子开始在学习和工作上屡屡失败,而此前不怎么被看好的孩子开始反超那些此前学习好的孩子,并且开始显露出不为人知的才能。

其实这与之前的状况并不矛盾。一个本来看起来前途无可限量的孩子这时候开始害怕让人失望,别人在他身上寄托的期待成了他沉重的负担。只要有人支持他、赞赏他,他就会继续向前,但是当需要他独自一人付出努力的时候,他的勇气就消失不见了,他于是选择了退却。而其他孩子从新获得的自由那里感受到的却是一种鼓舞的力量,他们清楚地看到面前的大道是一条实现他们抱负的路,他们的脑子里充满了各种新奇的想法和新的规划。他们的创造活动得到了有力的加强,他们对于人类文明生活的方方面面的兴趣变得越来越活跃,求知欲越发地强烈。这些孩子的信心和勇气没有打折扣,对于他们而言,独立并不意味着困难和失败的风险,而是意味着取得成就、作出贡献的更多机会。

有一些孩子从前感到自己被怠慢、被忽视,但是现在,他们很可能与周围的伙伴建立了更广泛的联系,他们觉得自己被人欣赏的机会正在到来。他们之中有很多人会完全陶醉在渴求别人赞美的迷梦中。如果一个男孩子一心只想得到别人的赞美那是非常危险的,而女生往往比较缺少自信,别人对她们的称赞不啻是证明她们的价值的唯一途径。于是这种女孩子很容易沦为那些善于甜言蜜语的男人的猎物。

我经常遇到这样的女生,她们在家里觉得不受待见,于是在外面跟人发生性关系,这样做不仅是为了证明自己已经长大成人了,而且也是为了追逐虚荣,通过这样的手段她们总算被人欣赏了,而且成为了别人关注的中心。

我来举一个十五岁女孩的例子,她来自一个非常贫寒的家庭,她有一个哥哥。在她小的时候,哥哥常常生病,母亲被迫腾出许多精力来照看他,以至于在她出生以后,她的母亲都没法对她付出太多的关心。此外,在她很小的时候,父亲也病倒了。父亲的病情使母亲更加没有时间照顾她。

于是，这个女孩对于别人所给予的关怀就尤其看重且敏感，她极度渴望得到别人的关心呵护，这个愿望她在自己的家里无法得到满足。后来妹妹出生了，父亲的病痊愈了，母亲把主要精力投放在对婴儿的照看上。结果，这个女孩子觉得自己是家中仅有的一个得不到关爱与怜惜的人。她不停地奋斗，在家里表现非常好，在学校也是个出色的学生。由于她的学习成绩优异，父母认为她应该继续学业，她进了一所高中，学校老师完全不认识她。起初，她不熟悉新学校的教学方式，功课开始掉队，她的老师批评了她，她一步一步地失去了信心。她太渴望迅速得到别人的肯定了，但是如果她在家里或在学校都不能如愿的话，那她还能怎么办呢？

她四下里寻找一个能够欣赏她的人。经过几次尝试，她离家出走，跟一个男人同居了两个星期。家里人非常着急，想方设法要找到她，我们差不多都可以猜到接下来会发生什么事。不久之后她就发现她并没有得到她所渴求的欣赏，于是她开始后悔自己作的这个决定。她想到的第一个念头是自杀，她就给家人留下了这么一张字条："不要为我担心，我服毒了，我很快乐。"而事实上她并没有服毒，我们也能理解为什么。她的父母真的是很疼爱她的，她感觉自己能够激起他们的怜悯之心。结果，她没有自杀，而是等着母亲找到她，带她回家。如果这个女孩拥有我们所有的见识，她那种为了得到他人欣赏而作出的种种努力，以及这所有的麻烦就全都可以避免。如果高中的老师也有这样的知识，同样可以阻止相关问题的发生。在此之前，女孩的学习成绩一直很优秀，如果那位高中老师能够看到女孩非常在意自己的成绩，她需要被较为用心地对待，她的处境就不至于如此沉重地打击了她的信心。

再来举一个案例，有一个女孩，她的父母性格都偏于柔弱。母亲一直想要生男孩，在生下一个女儿之后感觉非常失望。她歧视女性的思想很严重，女儿肯定觉察到了这一点。她不止一次听见母亲对父亲说："女儿一点都不漂亮，等她长大以后恐怕没人会喜欢她。"又有一次听见母亲说："这孩子再长大一些之后我们该怎么帮她呢？"女孩就在这种不良的氛围之下长到了十岁，有一天她发现她母亲的一个朋友写来的一封信，信里面安慰她母亲说不必因为生了一个女儿而烦恼，又说她还年轻，有机会可以再生一个儿子。

我们可以想象这个女孩心里的感受。几个月后她去乡下亲戚家里，在那里她遇见一个智力低下的男孩，两人发展成情人的关系。后来他离开了她，而她就在这条扭曲的道路上越走越远。当我见到她的时候，她已经有了一大堆情人，但是没有一个人让她感到自己从他那里得到了应有的尊重。她来找我问诊，是因为她饱受神经焦虑的困扰，不敢独自出门。如果一种求取欣赏的方式让她失望，她就会尝试另一种。并且，她开始利用自己身体上的疼痛和病情来让家人为她担心。如果没有她的允许，谁也做不成什么事。

《夏季室内》 [美]爱德华·霍珀 1909

她哭泣，威胁着要自杀，用很不讲理的方式控制着整个家庭。要让这个女孩子明白自己的真实处境，要跟她说清楚处于青春期的她高估了摆脱不被欣赏的感觉的重要性，这是一件无比困难的事情。

青春期的男孩和女孩都往往容易过度高估并夸大性关系。他们希望证明自己已经是大人了，而他们又总是做得太过分。比如，一个女孩不断地跟她的母亲对抗，并且总认为母亲在压制自己，她就会以一种人尽可夫的自我放纵方式以示抗议。至于母亲知不知道这样的情况，她是完全无所谓的，而事实上，假如母亲为她焦虑不安倒会让她十分高兴。我一度多次碰到这样的女孩子，她跟母亲大吵一架，或许跟父亲也吵了一架，就跑到街上随便遇见哪个男人就跟他上床了。这种女孩通常都还是人们心目中的好孩子，受到过良好的教育，谁都想不到她们竟会这样堕落。但我们可以理解，这样的女孩子并非是真的十恶不赦，她们只是期待错了，她们感到自己被严重怠慢了，而放纵自己的性生活只不过是她们所以为的能恢复自己有利地位的唯一的方式。

很多被娇惯的女孩感到自己很难适应女性的角色。在我们的文化里总是给人留下这样一种印象：男性优于女性，其结果就是女孩子不喜欢当女人，表现出我所称之为"性别羡慕"的举动。性别羡慕可以有很多种表现形式。有时候简单地表现为女人讨厌男人、回避男人，有时候表现为她们过度喜欢男人，但是又羞于跟他们打交道，无法跟他们对谈，有男人在场的聚会她们就不愿意参加，在性问题面前表现得非常不自在。她们到了一定的年龄之后，经常坚定地声称自己非常想结婚，但是又不愿意接近异性，不愿意跟男人发展友谊。有时候我们还发现青春期的女孩子会态度激烈地表现出对女性角色的厌恶之情,她们的举止风风火火更像男孩子。她们很愿意模仿男孩,模仿他们的恶习尤其容易,比如抽烟、喝酒、口吐脏话、加入帮派、性生活放纵。

她们常常辩解说,如果她们不这样做,男孩就不会喜欢她们。在对女性角色的厌恶情绪进一步蔓延的地方,我们就会发现有同性恋或者其他性变态行为以及卖淫现象的存在。所有妓女从她们的早年生活开始就已经确信了没有人会喜欢她们。她们认为自己天生就是一个贱种,永远不会获得哪个男人的真爱或者关心。我们可以理解在她们那样的环境下,她们是多么容易自我堕落,多么容易轻视自己的性别角色,多么容易把自己的性别看作是一种赚钱谋生的工具。这种对女性身份的歧视并不是起源于青春期,相反,我们经常发现女孩子从她们的幼年时代开始就不喜欢做女孩,只是在那个时候她还没有青春期时候的需求和机会来表达她们的这种厌恶之情。

深受"性别羡慕"之苦的人不仅仅是女孩子,也包括所有那些过分高估男子汉气概的男孩子们,他们把男人的阳刚气质看作是一种理想,并且总是怀疑自己不够强健,不足以实现该理想。这样,我们的文化对于男子气的过分强调不仅给女孩带来莫大的困难,对男孩来说也是同样的举步维艰。如果孩子对自己的性别身份还不能完全确认,他们所感受到的打击就尤其严重。有相当多的孩子岁数已经不小了，还是迷迷糊糊地相信有一天自己的性别会发生改变。因此，我们必须非常明白很重要的一点：孩子在两岁的时候就应该明确地知道自己是男孩还是女孩。有的男孩子具有一些女性化的外在特征，他们会经历一段比较困难的时光。因为时常会有陌生人弄错他们的性别，甚至家人的朋友也会对他说："你真应该是个女孩子。"这种男孩很有可能把他的外表看成是一种缺陷，把恋爱和婚姻的问题看成是过于严峻的考验，对自己的性别角色没有信心的男孩到了青春期阶段模仿女孩的倾向大大增加，很容易变得脂粉气十足，并且沾染上被宠坏的女孩所特有的恶习——轻佻、做作、喜怒无常。

一个人应对异性的态度大约是在四五岁期间打下根基的。性冲动在婴儿降生的最初几周就很明显地表现出来了，但若没有合适的表现途径，还是不宜去刺激该冲动。假如性冲动没有受到刺激，任由它顺其自然地表现出来，那倒无需我们紧张了。例如，当我们看到一岁的幼儿对自己的身体满是好奇的时候，我们不用担心，我们应该做的是利用自己的影响力与孩子沟通合作，让他减少对自己身体的兴趣，而把注意力转移到周围的世界上去。如果他这种自我欣赏的举动不能停止，那就要另作别论了。此时我们可以肯定孩子是有自己的用意的：他不是受到了性冲动的影响，而是通过这个举动来实现自己的目的。通常来说，小孩子的目的都是为了赢得注意。孩子已经知觉自己这样做的时候,父母就会紧张、害怕,他很懂得如何调动他们的情感。如果孩子的举止动作不再能够满足他吸引注意力的目的,他就会放弃的。

我前面提到过,不要让孩子受到身体上的刺激。但是父母在对待孩子的时候总是表现得极其亲昵,孩子对待父母也同样如此。为了增强亲密感,父母们经常拥抱并亲吻孩子,他们知道这不是正当的做法,但他们又不该表现得冷酷。他们不应当刺激孩子们的生理,同样,孩子的情感也不应当受到刺激。经常有孩子告诉我,也有成人在回忆他们童年往事的时候跟我讲,他们在父母的书房里看到黄色书刊以及在看色情电影时候被激发起怎样的冲动。对于孩子们来说当然最好不要接触这类书刊或电影,只要我们做到避免刺激孩子,就不会有任何麻烦发生。

还有一种类型的刺激我们也提到过了,就是长期给孩子传授一些非常不必要、不适当的性知识。有许多成人似乎非常热衷于分享性知识,坚持认为孩子长大之后如果对性事一无所知是非常危险的事。其实只要我们回顾自己的过去,或者是别人的以往历史,就会知道他们所想象的这种危险根本就是空穴来风。所以比较合理的做法是:等到孩子对性知识感到好奇,并希望有所了解的时候再给他进行适当的性教育。如果父母足够用心,无需孩子开口,他们就能知道孩子对性知识感兴趣了。如果孩子跟父母之间没有隔阂,他会直接提间，而父母也会以孩子能够理解并吸收消化的形式提供解答。

父母避免在孩子面前做出卿卿我我的举动也是很明智的。如果条件允许，孩子们不要和父母睡在同一间卧房，更不要睡在同一张床上，我们还建议：女孩不要跟兄弟睡在同一个房间里。父母应该高度留意孩子们的发育状况，不能够掉以轻心。如果他们对孩子的性格、追求目标不够了解，他们就很难知道孩子在什么地方受到了怎样的影响。

有一种说法几乎成了普遍存在着的迷信：青春期是一个极为特殊、极不普通的一段时期。通常而论，人类发展的某个时期有可能会被赋予一种被拔高了的个人意义，被当作是人生的重大转折。人们对青春期的认知差不多相当于多数人眼中的更年期。

这些阶段其实并没有带来剧烈的变化，它们只是生活的延续，其现象也没有什么特殊的重要意义。重要的只是个体对这一阶段怀有怎样的期许，他对该阶段所赋予的意义，以及他怎样学会面对它。

青春期刚刚到来时，常常令人惶惶不知所措，就仿佛看见了幽灵一样。如果我们把事情的前因后果都弄明白了，就会看到孩子们完全没有受到青春期的影响，特别是在我们这个时代，社会条件要求人们作出与之相匹配的调整。然而，人们往往认为青春期是一切的结束，他们所有的价值和意义都灭失了。他们再也不能去合作，去做贡献，没有人需要他们了。正是在这样的情绪之下产生了青春期的所有问题。

如果孩子经过教育已经认识到自己是与他人平等的一名社会成员，明白自己的任务是为社会做贡献，尤其重要的是，假如他认识到异性是与自己平等的伙伴，那么青春期带给他的只可能是新的机运，使他能够为应对成人生活问题拿出一份富有创造性而且独立的答卷。

假如他感到自己低人一等，假如他从他的周围接受了错误的认知，他就无法很好地享受青春期的自由。假如他的身旁总有一个人对他耳提面命，指指点点地教他去完成一些必要的事情，他也的确能完成任务，但是如果给他自由，他就会胆怯、犹豫而不知所措。这样的孩子可以很好地适应附庸于他人的社会条件，但是在自由社会里他将一事无成。

《假镜》 ［比利时］勒内·马格利特 1952

9

犯罪及其预防

如果我们要理解一名罪犯,
主要之点就在于探究其合作精神缺失的程度及其本性。
罪犯的合作能力是各不相同的。

犯罪及其预防

通过个体心理学我们开始了解了各种类型的人,其实,人类彼此之间并没有非常明显的不同。

我们发现罪犯表现出来的失足问题,与问题儿童、神经症患者、精神病人、自杀者、酗酒者、性变态所存在的问题如出一辙。他们都是在对待人生问题上出了差错,而且在每一个值得关注的节点上错误都是一模一样的,他们的错误方式也绝对是一模一样的。他们每个人都无一例外地缺乏社会兴趣,毫不关心周围的同伴。但即便如此,我们也不能说他们就是和其他人构成鲜明对立的另一伙人。因为我们当中的任何人都当不起合作典范和社会情感典范这样的荣誉。罪犯的错误相比于普通错误只是在程度上加深了一点而已。

了解犯罪行为还有另一个关键要点,不过在这个要点上罪犯与我们大部分人没什么不同。我们都希望克服困难，我们都努力希望在将来达成一个目标，实现了这个目标我们就会感觉更强大、更有优越感，人生更完整。杜威教授把这种追求的秉性非常准确地称作是对安全感的追求。也有人把这种追求称作是自我保护。但是不管我们如何命名，我们在人类身上都能找到这条行动的主线——为了从低级阶段迈向高级阶段、从失败走向胜利、从洼地攀升到高峰的奋斗，奋斗开始于我们最早的幼年时代，并且还将在我们整个的一生中贯穿下去。

生命意味着存在于这个星球上，不断地跨越障碍、克服困难。因此当我们发现罪犯和我们持有完全相同的秉性的时候，我们用不着大惊小怪。从罪犯的行动和人生态度来看，他也是在努力追求获得优越感，努力解决问题，努力克服困难。他跟我们不一样的地方并不在于他不像我们这样努力奋斗，而是在于他的努力方向。他之所以选择了错误的方向是因为他没有理解社会生活的需求，也不关心其他人，我们将发现他的行动目的是非常清楚明了的。

我想特别强调这一点，因为总有一些人会持不同的观点。他们认为罪犯就是人类之中的一些个别分子，跟常人是很不一样的。有的学者还断言所有的犯罪分子都是智力低下的。还有人则强调遗传因素，他们认为这些人一生下来本性就是邪恶的，无法控制自己不犯罪。还有部分人主张犯罪行为是被客观环境决定的，无法改变，也就是说一旦成为罪犯，就永远是罪犯！现在我们有大量的证据足以驳斥所有这些观点，我们还应当认识到，如果我们接受那些观点，就等于放弃了解决犯罪问题的希望。在我们今天这个时代，我们就是要根除人类的这个顽疾。从过去的历史来看，罪犯一直是人类的痼疾，但我们一定要采取措施解决掉它，有人却总想着搁置问题，说什么"这一切都是遗传，我们无能为力"。听到这种论调怎么能使我们信服？

无论是外部环境也好，遗传因素也好，对于犯罪行为都不构成必然的强制原因。同一个家庭和同样环境下成长起来的孩子都会走上完全不同的发展之路。有的罪犯来自一个完美得无可挑剔的家庭，有的家庭声名狼藉，有多项入狱服刑的记录，可是即便如此这样的家庭也出过品行端正的孩子。

另外，某些犯罪分子在后来悔过自新的例子也是时有发生的，犯罪心理学家们常常感到困惑：有的窃贼在到了三十岁之后会停止作恶，变成一个好公民，这种现象如何解释？如果犯罪是与生俱来的缺点，或者按照环境决定论的说法，犯罪倾向是无可改变的，那么以上事实就无法理解了。然而，从我们的观点来考察该现象的话，就很容易回答了：如果个体处在一个较为良好的环境之下，很有可能人们对他的要求也少，他的生活方式中的错误就很难得到机会暴露出来，或许他已经得到了他希望拥有的东西，没有必要再铤而走险地去继续犯罪。最后还有一种可能性：他上了年纪了，身体变得肥胖了，不再适应犯罪活动，他的关节僵化了，身手不再敏捷，行窃对他来说已经成为不可能完成的任务。

在深入讨论之前，我首先要排除那种"犯罪分子全都是疯子"的观点，固然有一些犯罪人员是精神病患者，但是他们所犯罪行的性质是完全两样的。我们不能认为他们应该对自己的罪行负责任：他们犯罪的原因是由于我们完全不能理解他们，并且受到了错误方式的对待。同样道理，我们也要把智障犯罪者排除在外，这种人往往是被人利用的工具。真正的罪犯是背后那些策划罪行的人。他们给弱智者描绘了罪行成功之后的美妙图景，刺激了后者的想象或贪欲，而教唆者自己却藏在暗处，让他们的牺牲品去实施犯罪计划，并承担被惩罚的危险。当然，同样的情况也会发生在一些年轻人的身上，他们会被年长的、经验老到的罪犯利用，后者躲在暗处策划犯罪行为，青少年则被利诱去把惯犯们的计划付诸实施。

现在让我们回到我之前提过的人生主线上：一切犯罪分子——当然人类的所有其他分子也是一样的——都在努力寻求一种成功，盼望着攀登上至高无上的地位。这些目标各有不同，并且存在着大量的变种，我们又发现罪犯的目标从来都是在私人或个人的感觉上超人一等，他们的追求不可能对他人有益。他不是合作类型的人。社会需要全体成员，我们也都需要彼此之间互相帮助，众人拾柴火焰高，合作能力必不可少。而罪犯的目的是不会考虑到为社会创造什么利益的，这一点正是每一个犯罪生涯中真正的要害之处。我们不久之后再来看看这会带来什么样的后果。

现在我要说明的是：如果我们要理解一名罪犯，主要之点就在于探究其合作精神缺失的程度及其本性。罪犯的合作能力是各不相同的，有的人的缺失程度比其他人要轻一些，比如说有的罪犯能把自己的行动限制在小规模犯罪的界限之内，并且能保证自己不超出这些界限。而别的罪犯却希望所犯的案件越大越好。有些罪犯是领头的，有些则是胁从的，为了理解各个不同的犯罪生涯，我们需要进一步考察个体的生活方式。

一个人的生活方式很早就确立下来了，我们可以在他的四五岁期间就发现他的生活方式的主要特征。因此我们不能断定可以轻而易举地改变一个人的生活方式，这是一个人的个性之所在，要改变它除非他认识到在其形成过程中他所犯下的错误。因此我们就可以理解，哪怕罪犯受到过很多次惩罚，经常受到羞辱和藐视，我们的社会生活所能提供的美好事物他们都不能享受，他们也依然不思悔改，一遍一遍地重复同样的罪行。并不是经济困难迫使他们犯罪，当然无可否认的是，在人们财政困难、负担过重的情况之下，犯罪率的确会上升。数据表明，有时候犯罪率的增长与小麦价格的攀升呈同步关系。但这并不能说明经济状况是犯罪的诱因，而是说明了很多人的行为还是很受限制的。

人们的合作能力是有限的，如果达到了临界点，他们就无法继续为社会作贡献。当他们失去了合作的最后一块阵地的时候，就会转向犯罪。从其他事实中我们也能够发现：许多人在处于良好的环境之下是不会去犯罪的，但是如果突然出现了令他们猝不及防的困难，他们就很有可能犯罪。重要的是生活方式，也就是应对问题的方法。

经过个体心理学的全部调查，我们可以非常明确地判断一个非常简单的事实：罪犯对其他人是不感兴趣的。他的合作程度只能局限在很小的范围之内。如果这个临界点被突破了，他就会转向犯罪。临界点的突破通常是发生在一个困难出现而他无力解决的情况下。思考一下我们每个人都会面临的生活问题，再思考一下罪犯所无力解决的问题，会发现一个有趣的现象：原来说到底，我们的生活中没有其他问题，只有社会问题，而这些问题只有在我们关爱他人的条件下才能得到解决。

个体心理学告诉我们：生活问题可以分成三大类。

第一类问题是与其他人的关系的问题，也就是友谊问题。有时候罪犯也会有自己的朋友，但只能是他们的同类，他们一起结成帮伙，甚至能对彼此表现忠诚。但是我们马上就能看到，他们的行动范围是大大缩小了，他们不能从广泛的社会上结交朋友，跟普通大众结交朋友，他们看待自己就好像是被放逐的人群中的一个，他们和周围人在一起的时候根本感觉不到自在。

第二类问题涉及所有跟职业相关的问题。每当被问到这类问题的时候，很多罪犯的回答都是一样的："您哪里知道劳动条件有多恶劣。"他们觉得工作是件可怕的苦差事，他们并不像其他人那样情愿与困难作斗争。一份有益的工作意味着对他人的关爱，以及对他人的奉献，然而这层意义恰恰是罪犯的人格中所缺失的。他们缺少合作精神的问题很早就暴露出来了，此外，多数罪犯对于职业中的问题都是应对乏术，他们之中的绝大多数人都没有受过技术培训，属于非熟练工人。回顾他们以往的经历就会发现，他们在学校的时候，甚至在上学之前就已经遇到过障碍——对什么都没有兴趣。他们从来没有学过如何与人合作，合作必须经过教导和训练才能掌握，而罪犯在合作方面却从未受过训练。因此，如果他们无力解决职业中的问题，我们也不该认为他们是有罪的，他们的情况就类似于我们要求一个从未学过地理的人去参加地理考试，其结果只有两种：要么他们提交的全是错误的回答，要么我们收上来的只是白卷。

第三类问题是关于爱情的。一段美好而成功的姻缘需要双方同样热情地关爱对方，以及双方对于合作都有同等程度的热情。被送进监狱的罪犯之中有半数在他们刚入狱的时候就被发现患有性病，这是很能说明问题的，说明他们面对恋爱问题总是贪求捷径。他们只是把自己的恋爱对象看作一件财产，而且我们常常发现他认为爱情是可以买卖的。性生活对这样的人来说就是一件征服和豪夺的事情，彼此双方是占有和被占有的关系，而不是生命中的伙伴关系。很多犯人说："如果我没有得到我想要的一切，生命对我来说有什么用？"

从这里我们可以看出我们对犯人的改造应该从何处着手。我们应该教会他们与人合作。如果我们只是把他们圈禁起来而不施以教育，将来他们被刑满释放的时候还是会给社会造成危害，在当前的条件下，这是不能进行讨论的。社会必须把犯罪分子清除干净——但是事情还没有到此结束。我们还应该考虑到："他们还没有为适应社会生活做好准备，我们应该怎样对待他们?"

在所有的生活问题之中,缺少合作能力绝不是小小的缺陷。我们在生活中的每时每刻都需要与他人合作,合作能力的高低就表现在我们的视听以及言谈的方式中。如果我的观察没有错误,罪犯的视听和言谈的方式都是迥异于常人的,他们的语言跟我们的语言是有差异的,我们可以感觉到他们的智力发育就是受到了这种差异的妨碍。我们在说话的时候期待着别人都能听懂,听懂本身就是一种社会要素,我们对词语都赋予了共同的意义,我们以任何一个他者所可能理解的方式进行理解。但是在罪犯那里却不一样,他们有一套私人的逻辑,私人的思路,我们可以在他们解释自己罪行的时候对此进行充分的观察。他们绝不愚笨,绝非智力低下。只要我们认可他们那种追求个人优越感的虚拟目标,那么在多数情况下,他们对事物的认知还是合情合理的。

比方说,有一个罪犯说:"我看见有一个人的裤子很好看,但我没有这样好看的裤子,所以我要杀了他。"这时我们就姑且肯定他的一切欲求都是很重要的,他也无需以对社会有益的方式存活在世界上，那么他的这个结论就可以算得上是很有头脑的了，但并不符合常识。

最近在匈牙利发生了一桩刑事案件，有几位妇女被指控多次犯下投毒杀人的罪行，她们之中的一个被送进监狱的时候说："我的儿子生病了，他又一贯好吃懒做，我只好把他毒死。"假如她排除了合作的可能性，那么她还能怎么做？她算得上是个聪明人，但她看待事物的方式跟常人太不一样，整个的认知模式都与我们不同。于是我们就不难推论出这样的结果：当罪犯看见吸引他们的东西，特别想不费力地得到它们的时候，他们就一定会从他们眼中的敌对世界（他们对这个世界是毫无感情的）中强行将它们抢夺到手。他们的世界观是错误的，对世界的认知也是错误的，过分高估了自己的重要性而低估了他人的重要性。

然而，这还不是他们缺少合作精神的最值得注意的方面。所有的犯罪分子都是懦夫，一旦他们感到无力解决问题就会刻意逃避。我们姑且撇开他们的罪行来考察一下他们在面对生活时的怯懦表现。其实在他们实施犯罪行为的时候我们也能看出他们的怯懦行为，他们喜欢孤身一人隐藏在黑暗中，以为这样就可以保护自己。他们害怕有人突然出现，更害怕他们在实施自卫之前被人缴械。

犯罪分子都以为自己胆量不小，但我们不要被他们的言语骗了。

罪犯实际上是一个懦夫对英雄行为的拙劣模仿，他们在为实现自己的个人优越感的虚拟目标而奋斗，很容易相信自己就是英雄，但实际上这又是在他们的认知模式下犯的一个错误，他们太缺乏常识了。

我们现在已经知道他们是一群懦夫，如果他们明确地意识到我们知道他们是懦夫，他们会被吓坏的。他们一想到自己战胜了警察，那份虚荣心和骄傲之情就即刻膨胀起来，他们常常想："警察休想抓住我。"不幸的是，假如对每一个犯罪人员的罪行经历做一次仔细调查的话，我相信，确实他们都有过作案之后而没有被抓住的经历，这个事实是非常令人沮丧的。

如果他们落入了法网，他们就会想："这一次我是不够聪明，下一次我的智慧准能战胜警察。"如果他们做到了侥幸逃脱，他们就感觉自己实现了自己的目标，他们感到高人一等，他们的同伙会对他们满怀敬佩和羡慕。

这种常见的对罪犯的胆量和聪明的艳羡必须打破，但是我们从哪里着手呢？我们的起点选择在家庭、学校、拘留所。稍晚一点我会具体写明最佳的着手点在何处。眼下我们就先深入一步探讨罪犯的生活环境，也就是阻碍他发展合作能力的那个地方。

他们喜欢孤身一人隐藏在黑暗中,

以为这样就可以保护自己。

他们害怕有人突然出现,

更害怕他们在实施自卫之前被人缴械。

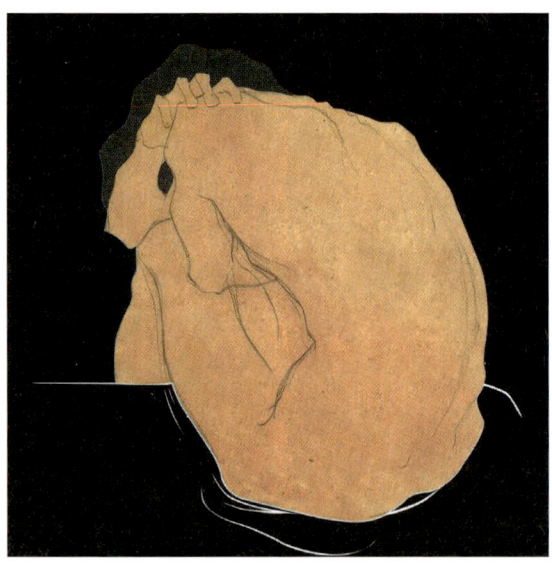

《坐的黑发男人》 [奥]埃贡·席勒 1909

有时候我们必须把责任归咎于他们的父母。很有可能母亲缺乏足够的技巧来教导子女跟自己合作，要么是她太能干了，不需要任何帮手，要么是她本人就没有合作的能力。我们很容易在不幸福的家庭或者在单亲家庭中看到合作精神的发育不良。最早跟孩子接触的是他的母亲，而孩子的母亲很有可能不希望扩大孩子的社会兴趣意识，包括孩子的父亲、其他孩子或者成人。

或者，我们又一次回到此前的话题：孩子感觉自己就是家庭的主人，在他三四岁的时候，另一个孩子降生了，老大感受到了危机，眼看自己的地位要被取代，于是他拒绝与母亲以及与其他孩子的合作。这些都是必须被考虑到的因素。再有，当我们回顾一个罪犯的以往经历时，我们总会发现在他年纪很小的时候，家庭生活就出现了麻烦。在这里起作用的不是环境本身，而是孩子误解了他的家庭地位，而且旁边又没有人给他澄清问题。

如果家庭中有一个孩子表现得特别优秀，或者能力出众，那么对于其他孩子而言往往是难以忍受的。这样的孩子吸引了太多的注意力，让其他孩子相形见绌，失去了勇气。他们不愿意合作，因为他们脑子里想的是竞争但又没有足够的信心。我们经常见到这样失去荣宠地位的孩子，他们的成长非常不快乐，也从来没有人教过他们如何运用自己的能力。他们这些孩子后来有很多变成了罪犯、精神病患者或者自杀者。

一个缺乏合作意识的孩子上学之后，我们在开学的第一天从他的行为举止就能察觉到这一点。他不能跟其他孩子交朋友，他不喜欢老师，他的注意力无法集中，上课不能专心听讲。如果我们不能带着同情心来理解他，他就会更严重地后退。于是他受到申斥和指责，没有人鼓励他，也没有人教他学会合作。他越发讨厌学习就一点都不奇怪了！如果他一直不断地忍受这种对他的勇气和自信的打击，他对学校生活就不可能有一丁点的兴趣。罪犯的生平中经常有这样的情况发生：在他十三岁的时候还在读四年级，老师经常责骂他愚蠢，他后来的发展走向就非常危险了，他越来越严重地失去了对他人的兴趣，他的目标也越来越严重地导向了无用的方面。

贫穷常常为人们对生活的错误理解提供了机会。寒门家庭出身的孩子出了家门，还有很多社会歧视在等着他。他的家庭也要遭受到物资极端贫乏之苦，寒门之家还有很多烦人和悲伤的事。而他自己或许还要在很小的年纪就出去挣钱，帮助父母支撑这个家。后来他看见富人们过着很轻松的日子，他们想要什么就可以买什么，他就感到愤愤不平：为什么他们有权过那种优裕放纵的生活，而自己不可以？所以，大城市里的犯罪数量居高不下就不是特别难以理解，就是因为大城市里的贫富悬殊尤其严重。这种无益的比较就来自嫉妒心。在这种环境下长大的孩子还会形成一个错误的观念，认为实现自己优越感的方法就是不经过艰苦的劳动而轻松地获取金钱。

造成自卑感的主要原因也有可能是生理缺陷，这是我自己的发现之一，在这个问题上我多少有点内疚，因为我曾经为神经学和精神病学的遗传理论学说铺平过道路。最初的时候，我正在撰写有关生理缺陷和个体心理补偿方面的书，那时我就认识到了这个危险。

产生自卑感的源头不是个体的生理组织，而是我们的教育方法。如果我们使用了正确的方法，有生理缺陷的孩子就会像关注他们自己一样关注他人。对于一个背负了生理缺陷的沉重包袱的孩子来说,身边必须有人培养他对他人的兴趣,否则他只能对他自己一人感兴趣。

有许多人都患有内分泌失调的病症,但我在这里必须声明一点:我们不能说,永远也不能说内分泌腺体的正常工作状态是什么样的。我们自己的内分泌腺体就是多种多样的,但并没有对我们本人造成任何伤害。特别要考虑到,如果我们希望找到正确的方法把这些孩子改造成对他人满怀兴趣、富有合作精神的好公民,那么这个因素就完全应该忽略掉。

在犯罪分子之中,孤儿占了很大的比例。在我看来,我们至今不能帮助这些孤儿树立起合作的精神,这是我们文化的莫大耻辱。私生子的情况也很类似,没有人在他们身边去努力获得他们的喜爱,并且把这种喜爱之情再传递给他们周围的人。被遗弃的孩子很容易加入犯罪活动,特别是当他们知道或者感觉到没有人愿意接受他们的时候。在犯罪分子中我们也经常看到相貌丑陋的人,而这样的事实总是被人当作证明遗传说的证据。想一想相貌丑陋的孩子心里是什么感受!他们的处境非常不利,或许他们是某些特定种族的混血儿,混血的结果没有能产生漂亮的外表，并遭遇到了社会的歧视。如果这样的孩子相貌丑陋，他们的一生都会被阴影笼罩：他们甚至都没有度过我们所有人都极其怀念的时光——令人迷恋的、充满活力的童年。只要能够得到正确的对待，所有的孩子都能发展出对社会的兴趣。

有趣的是，我们有时候也看到：在犯罪的男孩或者成年男子之中，有些人的外表是极为英俊的，既然把相貌丑陋归结为不良基因的受害者，说他们天生就携带了生理上的残缺——诸如畸形的手、腭裂等等，那么那些相貌堂堂的犯罪分子我们又该怎么解释？实际上，这类人也是生长于一个不利于培养社会兴趣的环境，他们从小都被宠坏了。

犯罪分子可以被划分为两类：第一类人知道世界上有合作关系这回事，但从来没有体验过。这种类型的犯罪分子对于他人总是持着敌对的态度，他的外表就充满了敌意，所有人都是他的眼中钉。他从来没有得到过别人的赞赏。另一类犯罪分子从小就被宠坏了。我常常注意到囚犯在他们的供词中抱怨说："我之所以走上犯罪道路就是因为妈妈太宠我了。"有关这一点值得我们详细讨论，我在这里引用这条材料是为了强调形成犯罪的原因多种多样，但是有一条是共同的，那就是他们都没有被教会正确地与人合作。

父母都想把他们的孩子培养成一个社会上的好公民，但是他们不知道应该怎么做，如果他们表现得过于专横、严苛，就没有成功的可能。如果他们过于溺爱孩子，让他一直处于被关注的焦点，他反而会被教得误以为仅仅是因为他的存在，他就是个非常重要的人物，他不需要付出创造性的努力去赢得他的伙伴们对他的好感。因此，这样的孩子失去了奋斗的能力，他们总是希望别人关注他们，期待着从别人那里获取什么。如果不能找到一条便捷之路使他们得到满足，他们就会怪罪环境。

现在让我们来考察几个案例，看看这几个观点能否得到印证，尽管这些例子并非是为了这一目的而编写的。第一个案例摘自于谢尔顿·格吕克和埃莉诺·格吕克写的《五百名罪犯的经历》中的"热血约翰"。这个男孩是这样讲述他的犯罪起因的：我从没想过我会如此放纵，一直到十五六岁的时候我还是和别的孩子一样守规矩。我喜欢体育运动，经常参加这些活动，我从图书馆借书看，每天早睡早起，就是这样，各方面表现都很好。我的父母要我退学去工作，我挣的工资全被拿走，每个星期只给我五十美分零花钱。"

这时候他已经是在指责父母了。如果我们向他追问他和父母的关系如何，或者如果我们能了解到他的整个家庭状况，我们就会知道他的真实经历。而现在我们姑且断定他的父母不太懂得相互合作。

"我工作了将近一年，开始跟一个女孩子交往，这女孩特别爱玩。"

这样的陈述在罪犯的履历之中屡见不鲜：他们喜欢上一个爱玩的姑娘。回想一下我们此前提到过的一个问题——考验合作程度的问题。他跟一个爱玩的姑娘交往，可是他每星期只有五十美分的零花钱。我们不能把这个局面称作是对恋爱问题的圆满解决，首先世界上有很多其他女孩，他并没有选对人。如果我处于这种局面之下我会说："她这么爱玩，这个女孩就不适合我。"生活中什么事情重要什么事情次要，不同的人会有不同的评判。

"在那些日子里，每周五十美分怎么够一个女孩玩乐呢？哪怕在我们那种小地方。可是老爷子不肯给我更多的钱。我气得不行，脑子里成天在盘算：怎么样弄到更多的钱？"

常识会告诉他："你是不是到四周转转，或许能挣更多的钱。"可是他不想费那个功夫，他谈恋爱也只是为了自己的快乐，而没有别的目的。

"有一天来了一个伙计，很快就跟我混熟了。"

当一个陌生人来临的时候，就是对当事人的一场新的考验。一个具有良好合作能力的男孩是不可能被教唆犯罪的，但这个男孩子正站在一条很可能被教唆的道路上。

"他是一个'手段高明的家伙'（言外之意：一个技术娴熟的惯偷，头脑活络，敏捷干练，精通业务，而且非常仗义，和同伴'有福同享有难同当'。）我们在当地犯了很多案子，每次都得手了。"

我们听说他的父母离了婚，各自建立了新的家庭。父亲是工厂里的工头，所得收入勉强能维持开销。这个男孩是家里三个孩子中的一个，一直到他做出不当行为的时候，家里都没有过失足少年的记录。我非常期待哪位迷信遗传论的学者能对此作出解释。那个男孩子坦白说自己在十五岁那年有了第一次性经历。我相信肯定会有人说这男孩性欲旺盛，但这男孩完全不在乎别人怎么议论，只是一味求欢。任何人都可能纵欲过度，放纵自己没有丝毫的难度。他也希望在这一点上获得别人的欣赏——他想成为性事方面的英雄。十六岁那年，他因为伙同他人入室行窃被拘捕了。他还有其他方面的爱好，这些爱好证实了我们此前的判断。他希望自己具有一幅征服者的外表，从而能吸引姑娘们的注意力。他还希望为姑娘们花钱来赢得她们的好感。他戴了一顶宽边的大檐帽，脖子上系着红色的花绸巾，腰带上别了一把左轮手枪。他假称自己是一个西部逃犯。他还是一个很虚荣的男孩：他想显示出英雄的外表和仪态，然而他又不知道该怎么做。他对所有指控的犯罪行为全部供认不讳，"还有很多（没有被指控）"。他对于别人的财产权没有丝毫的顾忌。

"我不觉得活着是有意义的，对于人类我总体上除了鄙视，没有别的感觉。"

所有这些有意识地说出来的想法都是无意识的，他并不了解这些想法的真实含义，他不知道它们之间关联上的意义。他只感到活着是一种负担,但他又不知道为什么如此缺乏信心。

"我学会了不相信任何人。他们说做贼的不会互相欺骗,其实他们会的。我曾经跟一个同伙在一块,我对他仁至义尽,可是他对我却恩将仇报。

"如果我有足够多的钱,我会表现得非常诚实,不输给任何一个人。也就是说,如果我不用工作,钱又足够多的话,我就会为所欲为。我从来就不喜欢工作,我讨厌工作,这辈子都不想工作。"

我们可以把这最后部分的陈述翻译如下:"导致我犯罪的诱因就是我太压抑了,我被迫压抑我的一切欲望,所以我后来走上犯罪的道路。"这一点值得我们认真思考。

"我从来没有哪一次是为了犯罪而犯罪,当然有时候我感到一股'强大的力量'驱使我开车到一个地方去,干完了活就一走了之。"

他认为自己从事的是英雄壮举,而不是懦夫的行为。

"有一次在被抓住之前,我身上携带了价值一万四千美元的珠宝,我不知道还有什么事比去找我女朋友更快活的,于是就用珠宝兑换一点现金供我自己花费使用,可就在这个时候我被抓住了。"

这些人为了女友花钱,轻而易举地获得了胜利,他们还认为这是真正的胜利。

"监狱里也有学校,我在那里要尽量地多学本事——不是为了改造我自己,而是让我变成更厉害的人,将来对付社会。"

这种表达已经传达出了对人类非常痛恨的态度。但是他本来就不喜欢人类,他说:

"如果我有一个儿子,我会扭断他的脖子。把一个人带到这个世界上来,你们以为我会犯下这种罪行吗?"

我们怎么改造这样一个人?只有一个办法,那就是改进他与别人合作的能力,向他指明他对生活的看法错误何在。我们只有追溯他童年时代的错误认知以后,才可能说服他。我并不知道他童年的时候遇到了什么事,他所描述的事情我认为没有一桩是重要的。在他的童年时代一定发生了某件特殊的事情才让他成了人类的敌人。如果让我猜,我猜他是家里的长子,像许许多多长子(或长女)的遭遇那样,一开始很受父母宠爱,后来由于弟弟妹妹的出生,他感到自己的荣宠地位丧失了。如果我的猜测没错,那么一丁点的小事情都有可能阻碍这个孩子合作能力的发展。

约翰接着说,他后来被送进了一所青少年感化院,在那里他受到了非常粗暴的对待,离开感化院的时候他的心中积满了对社会的强烈仇恨。

关于这一点我必须从心理学家的角度说两句,在监狱里一个犯人受到的所有粗暴虐待,都是一场挑战,是对力量的测试。同样地,当罪犯听见别人说"我们必须刹住这股犯罪的风气"的时候,他们也会将这句话视作挑战。他们一心要逗英雄，如果有机会以身犯险他们会非常高兴。他们把这看作是一场体育竞赛：他们感觉社会激发了他们的斗志，他们越战越勇。如果有人自以为在挑战整个世界，还有什么比接受挑战能让他感到更强大的"动力"呢？在教育问题孩子的过程中，挑战他们也是一个最大的错误之一："让我们看看谁更厉害！让我们看看谁能挺到最后！"这些孩子和罪犯一样都会陶醉在自己强大的念头里面，如果他们头脑足够灵活，就能全身而退。在少年犯管教所里有时候看守会对犯人提出挑战，这实在是一个再有害不过的做法。

现在让我来给诸位展示一个杀人犯的日记，该杀人犯因其罪行被判处了绞刑。他残忍地杀害了两个人，在他动手之前把他的动机都写下来了。这使得我有机会读到罪犯头脑里计划的具体描写。如果没有事先的谋划，没有人能实施一桩犯罪行为。而且在谋划前，罪犯总能为自己的罪行找到正当的理由。在这类供词的文献之中，我还从来没有发现过有一例写得简单而直白的，也没有一例是不为自己辩护的。在这里我们看到了社会情感的重要性，即便是犯罪分子也努力试图要和社会情感达成和谐一致。同时他在实施犯罪行为之前，又必须准备好消灭他自己身上所具有的社会情感，突破社会兴趣所设下的壁垒。

所以在陀思妥耶夫斯基的长篇小说《罪与罚》里面，主人公拉斯科尔尼科夫在床上躺了两个月思考他是不是应该去杀人这个问题。他不断用一个问题来追问自己:"我是拿破仑,还是一只寄生虫?"犯罪分子总是会自我欺骗,再不就是用这类想象来激励自己。

在现实生活中,每一名罪犯都知道他过的不是一种健康的生活,而且他也不是不知道健康的生活是什么样子。然而他由于内心的怯懦拒绝了这种健康的生活,他之所以怯懦是因为他没有能力成为一个对社会有用的人:社会的问题要求通过合作来解决,可他却从来没有学习过怎么样跟人合作。到后来犯罪分子想要减轻自己的负担,如我们前面所说,他们想为自己的犯罪行为找出正当的理由,把责任推给环境来为自己开脱:"他有病在身,而且还游手好闲。"诸如此类的借口。

以下是从罪犯日记里摘录出的一段记述:

我的家人跟我脱离了关系,我受尽了鄙视和厌恶(他有鼻子塌陷的先天缺陷),我遭遇到的巨大不幸,几乎把我毁了。什么都不能拦住我,我再也不能忍受下去了。我可以接受被人抛弃的命运,可是我的肚子饿得咕咕直叫,它不能被置之不理。

他把给自己开脱罪行的理由锁定在了外部

《自画像》 [奥]埃贡·席勒 1910

环境上。

"曾经有人预言说我会死在绞刑架上，但我想到的问题是：'死在绞刑架上跟饿死有什么区别？'"

曾经有过这样一起案例：一位母亲对她的孩子做了这样一个预言："我确信有一天你会勒死我。"这孩子十七岁那年勒死了他的姨妈。预言和挑战行为在性质上是一样的。

"我才不关心事情有什么后果，反正我横竖都是一死。我啥都不是，没人愿意跟我有任何牵连。我喜欢的姑娘都躲着我。"

他想吸引他喜欢的那个姑娘，可是他既没有漂亮衣服，也没有钱。那位姑娘在他的眼里只不过是一样财产，这就是他对婚恋问题的解决方案。

"到头来什么都是一样的。我要自己拯救我自己，要不就是毁灭我自己。"

尽管我希望留下更多的解释空间，在这里我还是要插一句：所有这些人都喜欢极端的冲突或对立，他们像孩子一样，要么就是得到一切，要么就是啥都没有："饿死或被绞死"、"拯救或毁灭"。

"星期四那天的行动一切都准备就绪了，袭击对象也选好了，我等待着最佳的时机，等时机一到，将会发生一桩除了我之外别人都干不了的壮举。"

他觉得自己是个英雄："这件吓死人的事情不是每个人都干得了的。"他拿了一把刀在手上，突然袭击一名男子，那人毫无防备就被他杀了。不是每个人都做得出来的！

"就像牧羊人驱赶他的羊群，肚子饿狠了，什么吓人的事我都干得出来。很可能我等不到新一天的来临了，不过我无所谓。最糟糕的事情是被饥饿驱赶。我已经得了一种不治之症，当那些人坐下来审判我的时候，那是最后一桩让我讨厌的事情。人必须为自己的罪行付出代价，只不过这种死法总比饿死要好得多。如果我是饿死的，没有人会注意到我。可如今有这么多人在场！说不定会有人为我难过呢。我决定了的事情都已经做到了，没有人会像我今晚这样恐惧过。"

这样看来他并不是他所自认为的那种英雄！在审讯的时候他交代说："我没有刺中他的要害部位，可我还是个杀人犯。我知道我会被判处绞刑。可惜这个人穿的衣服这么华贵，我是一辈子都穿不上了。"这时候他没有说饥饿是他行凶的原因，而漂亮的衣服此刻成了他念念不忘的对象。"我那时根本不知道自己在做什么。"他辩解说。诸位总能听到这种辩解，当然辩解的方式可能会有不同。有的时候犯罪分子在作案之前会喝酒，想使自己无需担责。凡此一切都证明了这些人努力挣扎企图突破社会兴趣的壁垒。在对罪犯记录的所有描述之中,我相信都能找到我所提出的所有要点。

现在,我们实实在在地面对这样的问题,我们应该如何去做?如果我没有说错,我们在所有犯罪记录中都能看到一个对社会缺少关爱的人、一个没有学会合作的人在追求一种个人优越感的虚拟目标,我们应该怎样去做呢?无论是罪犯,还是精神病人,如果不能成功地争取他们参加合作,那么我们怎么引导都是无济于事的。这一点我已经不能强调得更多了:如果我们能争取犯罪分子对人类的共同利益发生兴趣,如果我们能使得他们去关爱他人,如果我们能教他们学会合作,如果我们能引领他们走上通过合作方式解决生活问题的道路,那么一切就都有了保障。

如果我们做不到,那么一切都免谈。这个任务并不像它看上去那样简单。要实现争取他们的目的,我们既不能让他们的日子过得太轻松,又不能为难他们。我们不能面对面指出他们的错误,也不能跟他们争论,因为他们的观念已经成型了,多少年以来,他们一直就是用这种方式认识世界的。如果我们要改变他们，就必须动摇他们这种认知模式的根本，我们必须找到他的错误的最初发生地，以及引发这些错误的外部环境。一个人的性格的主要特征是在他四五岁的时候成型的，我们从他的犯罪记录中所发现的对他自己和对世界的认知错误，也是在他四五岁的时候埋下了种子，我们所要理解并予以纠正的正是这种原始的错误种子，我们必须找出他的生活态度的最初发展形态。

在此之后，犯罪分子会将他所经历的一切都转变成为证明自己的生活态度具有正当性的筹码。假如他的这些经历跟自己生活态度的模式不相匹配，他就会绞尽脑汁地琢磨，对前者加以裁剪，直到它们听上去更合情合理。如果一个人是这样的态度，"别人总是贬损我、羞辱我"，那他会找出大量的证据来证实这一看法。他会煞费苦心地寻找这样的证据，而与此结论相悖的证据就被忽视了。犯罪分子只关心他本人，以及他自己的观点。他有他自己的视听方式，我们经常能发现他从来不会注意那些与他对生活的理解不相一致的事情。因此，如果我们不能识破他对生活的全部理解的背后原因，不能深挖出他现在这种世界观的真正成因，不能发现他的这种生活态度最初是如何开始的，我们就无法说服他。

体罚是不会有任何效果的，原因就在这里。体罚会让罪犯更加相信社会在敌视自己，无法合作。也许罪犯在学校读书期间就经历过类似的体罚，他没有学过如何与人合作，于是他的功课学得很差，或者表现很糟糕。他屡屡受到批评和责罚。现在难道继续用体罚来鼓励他去参与合作吗？他的处境让他更加绝望，他感到所有的人都在跟他作对。世界上有谁会喜欢一个尽是被责骂、被惩罚的地方呢？孩子失去了他残余的自信，他对学校功课、对老师和同学全都感到意兴阑珊。他开始逃学，藏身于一个别人都找不到的地方。在这些地方他结识了与他有着同样的经历，并走上同一条道路的男孩子们，他们都很理解他，非但不会责骂他，反而会迎合他，激励他的野心，点燃他在反社会方面建功立业的希望。既然他无视社会生活的需求，他也就理所当然地把这些人视为朋友，把整个社会视为敌人。这些人喜欢他，他跟他们在一起感觉舒服得多。就是这样，成百上千的孩子加入了犯罪团伙。在以后的生活中如果我们以同样的方式对待他们，只会给他们提供新的证据，证明我们是他们的敌人，只有犯罪分子才是他们的朋友。

这样的孩子何以被生活的考验击败，完全找不到理由。我们不应该让他们失去希望，但是要制止他们失去希望又不是一件很容易的事，除非我们能促使学校帮助这样的孩子组织起信心和勇气。在后文中，我们还会更充分地讨论这个建议。而现在我们使用这个事例说明：一个罪犯只会把惩罚手段解释为社会跟自己过不去的标志，他一贯都是这么理解的。

体罚之所以不起作用，还有其他的原因。很多罪犯不喜欢他们过的生活。他们之中的某些人在生命中的某些时刻甚至想过要自杀，体罚是吓不住他们的。如果警察对他们用刑，对他们不能构成任何威慑力，相反他们还会觉得自己战胜了警察而陶醉于这种快感之中。而这只是他们对于自己认定的挑战所作出的反应的一部分。

假如看守人员十分严厉，或者他们受到了残酷的虐待，他们的反抗勇气还会被激发出来，而这样一来又会增强他们那种自以为比警察聪明的优越感。如我们之所见，罪犯对于一切事物的看法走的都是这种套路。比如他们把对社会的接触看作是一场持续的战争，他们要努力赢得战争的胜利，假如我们以同样的方式对待他们，岂不正中他们的下怀？从这个意义上说，电椅死刑也是一种挑战。罪犯把自己想象成了一名战士在与离奇的命运相抗争。刑罚越重，他表现自己奸猾手段的欲望就越强烈。很多罪犯都是以这种套路来构思自己的罪行的，要对此作出证明非常容易。一名被判处电椅死刑的罪犯在他生命的最后几小时里往往想到的是他本可以逃过警察的刑侦："要是我没有留下那个破绽该有多好！"

我们改造罪犯只有一条路可走,那就是要发现罪犯在童年时代是什么因素阻碍了他的合作精神的开发。在此处,个体心理学在一片广大的黑暗中为我们拓展出了一方处女地,我们可以看得更清楚。儿童生长到五岁的时候心理已经发展成了一个整体:他个性之中的千丝万缕已经编织到了一起。固然,遗传因素、外部环境对他的个性形成会起一定的作用,但我们不必过度地操心孩子带给这个世界的是什么东西,不必过问他遭遇到了什么样的经历,以及他是怎样运用这些经历的,还有他是怎样看待这些经历的,这些经历对他产生了哪些影响也都不在我们的考虑之列。了解这一点极其必要,因为我们对于遗传而来的优点与缺点一无所知。我们所需要考虑的只是在他的处境下所隐藏的潜力,以及他充分运用这些潜力所可能达到的程度。

能够使罪犯减轻过错的有利条件是:他们都有一定的合作能力,但其程度还不足以适应社会生活的需要,在这一点上,第一责任人在于他们的母亲。母亲应该懂得如何把孩子的兴趣范围扩大,如何把孩子对自己的兴趣向外推广到对周围其他人的兴趣。她必须以身作则使得孩子能对整个人类以及他自己的整个未来生活发生兴趣。但也许有的母亲不希望孩子对任何其他人感兴趣，如果她的婚姻不幸，父母双方不和谐，都在想着离婚，并且互相忌妒，结果很有可能母亲就希望整个地控制住孩子的身心，娇惯他，宠溺他，不愿意让他独立出去脱离自己。在这样情况下很显然孩子合作精神的开发机会就极其有限了。

对其他孩子感兴趣，对于发展社会兴趣来说是非常重要的一环。如果母亲偏爱她众多孩子当中的一个，那么其他受到冷落的孩子就非常不乐意把这个受宠的孩子带进自己的朋友圈中，也不会很乐意关爱他。如果这样的有利条件被误解了，那么它很可能会变成走向犯罪生涯的起点。假如一个家庭里有一个天资出众的男孩，紧挨着他的那个孩子就往往是一个问题孩子，比方说这个家里的老二非常可爱、讨人喜欢，那么他的长兄一定会有失宠的感觉，这孩子就很容易自我蒙蔽，沉浸在自己被忽视了的错误感觉里面。他于是会千方百计寻找证据证明自己对大人的指责是站得住脚的。他的行为变得恶劣，随之他受到了更严厉的对待，他相信自己被亏待、遭受冷遇的这个怀疑被有力地证实了。既然他觉得别人亏欠了他，他就开始用偷盗的方式去补回来，结果被抓获归案，受到了惩罚，此时他更相信他不受欢迎，所有人都成了他的敌人。

如果父母在孩子面前抱怨日子难过，处境艰难，他们就会给孩子的社会兴趣的发展制造障碍。如果他们经常当着孩子的面指责他们的亲戚或邻居，或者总是臧否其他人，述说对他们的坏印象或偏见，也会发生同样的事。如果孩子长大以后对周围人持有一种扭曲的看法就不足为奇了，再或者他们到后来总是跟父母闹别扭我们也无需惊讶了。只要社会兴趣受到阻碍，孩子的头脑里就只剩下以自我为中心的态度了。他会觉得："为什么我要帮别人做事？"在这种思维框架之下他不可能解决生活中的问题，他一定会犹豫，一定会选择逃避，也一定会图方便找捷径。他觉得奋斗真是太艰难了，而且他伤害了别人也毫不在乎。他以为这是战争，在战争之中发生的一切都是合理的！

让我给诸位举几个事例，诸位可以了解犯罪模式的发展由来。有这样一个家庭，次子是一个问题儿童，就我们所知，他的身体很健康，没有任何遗传的疾病。而长子备受父母的偏爱，弟弟总是想努力赶上哥哥，兄弟两人就像是参加赛跑一样，谁都想追上前方领跑的选手。弟弟的社会兴趣没有得到很好的开发，他对母亲极其依赖，几乎是不留余地地向她索取。他在跟哥哥的竞争中面临着一个巨大的困难：他哥哥在学校的成绩名列前茅，他自己却是班级垫底。

他的统治欲和操控欲十分明显，他以前曾对家里的老女仆发号施令，命令她在房间里像军人那样走正步，还要像士兵那样进行操练。那位老女仆很喜欢他，在他二十岁的时候还让他扮演将军的角色。

他常常处于焦虑之中，每次接受必须要完成的任务时总是忧心忡忡，而且实际上他从来没有像样地完成过一次任务。一碰到麻烦事，他总能从母亲那里要到钱，虽然他也因为自己的行为饱受批评和指责。

后来他突然结婚了，他所有的麻烦进一步加剧。他只关心的一件事是：他比哥哥结婚更早，他把这桩事看作是一次了不起的胜利。然而这实际上表明他对自己的评价真的很低——他竟然在这种可笑的事情上一争短长。他并没有为自己的婚姻作好准备，他和妻子总是争吵。他的母亲已经没有能力再像以前那样资助他，他订购了一架钢琴，没有付款就卖掉了。这件事把他送进了监狱。

从这段历史中我们可以看出：他后来犯罪行为的根源正在于他的童年时代。他生长于哥哥的阴影之下，就像一棵小树长期被一棵大树遮住了阳光。与他那位性情敦厚温良的哥哥相比，他得出的印象就是自己被怠慢了，被忽视了。

我要举的第二个事例是一位十二岁的女孩,她很有抱负,父母亲都很宠爱她。她有一个妹妹,她对妹妹很忌妒,不管是在家还是在学校都把她视为竞争对手。她总是试图找到她妹妹受到偏爱的证据,非常在意妹妹得到更多的糖果或更多的零用钱。有一天她从学校同学的口袋里偷了钱,但被发现了,受到了惩罚。幸运的是我向她说明了整个情况,说服了她放弃那种她所受的待遇样样都比不上妹妹的错误认识。与此同时,我把这个情况又跟她的家人作了沟通,他们共同努力制止她们姐妹之间的这种竞争,并且避免给姐姐留下妹妹受到偏爱的印象。这是二十年前发生的事。这名女孩现在已经成长为一位非常诚实的妇女,结了婚,有了自己的孩子。从那以后,她在生活中没有再犯大错误。

我们此前已经讨论过哪些情况会严重危及孩子的发展,但我还是想简要地再回顾一下要点。强调这些情况是非常必要的,这是因为,假如个体心理学的研究结果正确的话,我们只有认识到这些情况对于犯罪分子的人生观所可能产生的影响,我们才能真正有效地帮助他们学会合作。

《两个女孩》 [意] 菲利斯·卡索拉蒂 1912

有特殊困难的儿童主要可以分为三类：
一、有生理缺陷的儿童；
二、被宠坏的儿童；
三、被忽视的儿童。

有生理缺陷的儿童觉得他们被剥夺了正常的生理能力，如果不能通过特殊训练，培养出他们对他人的兴趣，他们就会比常人更容易形成过分的自我迷恋。他们会寻找统治他人的机会，我曾经见识过这样一个案件：一个男孩向一个姑娘求爱遭到了拒绝，感到非常丢脸，于是伙同一个更年轻也更愚蠢的男孩杀了那姑娘。被宠坏的孩子总是非常依恋骄纵他们的父母——他们无法把他们的兴趣目光扩散到广大的世界上去。没有哪个孩子是受到完全的忽视的，不然的话，他根本就活不过婴儿期的第一个月。但是我们经常在孤儿、私生子、被抛弃的孩子、相貌丑陋的孩子、畸形儿当中发现我们可以称之为"被忽视的儿童"。在犯罪分子当中我们能看到两大类型：因丑陋而被忽视的一类，以及因相貌漂亮而受到溺爱的一类，这是非常容易理解的。

我曾经亲身接触过一些罪犯，也在书本和

报纸上阅读过关于犯罪行为的描述,通过这两大渠道我发现了罪犯的个性结构,并且还屡屡发现,个体心理学提供的关键概念能够帮助我们对这些情况有较好的了解。现在我就从安东·冯·费尔巴哈撰写的一本德文旧书当中遴选几个案例来作说明。附带说明一下:我们常常在旧书里面可以读到对犯罪心理学的最佳描述。

(1)康拉德·K 案。这个人在一个帮工的协同下谋杀了他的父亲。父亲确实一直忽视了这个孩子,对他过于无情,并且虐待所有家人。有一次这个男孩对父亲还了手,被父亲告上了法庭,法官说:"你的父亲行为恶劣,惯于惹是生非,我不知道有什么解决办法。"诸位可以看见法官已经给这名男孩提供了一个借口。这个家庭想方设法希望解决这个麻烦,但是所有努力都毫无效果,这个麻烦让他们陷入了绝望。再到后来,父亲带了一个声名狼藉的女人回来同居,还把儿子赶出了家门。男孩结识了一名临时工,那人心性十分残忍,建议男孩杀死父亲,他非常犹豫,因为母亲的缘故。但是家里的情况越来越糟,考虑了许久之后,儿子还是同意了这个建议,在那名临时工的协助下杀死了他的父亲。在此我们看到这个儿子没有能够把他的社会兴趣扩展到父亲这里。他非常依恋自己的母亲,对她十分尊敬,在他所残余的社会兴趣没有完全被刺穿之前,他还需要找到能为自己的罪行开脱的说辞,他找到的说辞是:他是从那名临时工那里获得了支持,在后者残忍的激情的刺激下,他才爆发出了犯罪的行为。

(2)玛加丽特·茨万齐格案件。此女被人称作"著名的投毒杀人犯"。她小时候是个弃儿,被慈善机构收养,外表瘦小畸形。按照个体心理学的理论,她很容易被刺激得虚荣,急于吸引他人的注意力。她的礼貌举止满是一副巴结讨好人的样子,在情场上几次三番的冒险尝试失败之后,她几近于绝望,于是她三次对别的女人投毒希望得到她们的丈夫。她觉得自己的权利受到了侵害,又想不出别的办法"夺回自己的所得"。她假装怀孕,试图自杀,希望留住这些男人。在她的自传(许多罪犯非常乐于撰写自传)里,她无意间验证了个体心理学的观点,但却无法理解自己的陈述:"每次我做坏事的时候都在想,没有人会为我难过,既然这样,现在我让别人难过了,为什么我要替他们担心?"

从这些话语中,我们可以看出她是怎么一步一步走上犯罪之路的,她是怎么样发动自己,并且为自己寻找开脱之词的。每当我建议别人要参与合作,要对他人感兴趣的时候,常听到的一句话就是:"可是也没有人对我感兴趣啊!"我就这样回答对方:"总得有人迈出第一步。如果别人不肯合作,那就不是你的事了。我的建议是你应该主动开个头,不用在意别人是否愿意合作。"

(3)N.L.案件。这个人是家里的长子,教养极差,一只脚跛,习惯像父亲那样教训自己的弟弟。这样的关系对我们来说也是似曾相识的，那就是追求优越感的目的，今天看来或许倒是不无裨益的。不过，这也可能是骄傲的体现或者是自我表现的欲望使然。后来，他把母亲赶出家门去乞讨，话说得非常难听："滚出去，你这老母狗。"我们为这个男孩子深感难过：他甚至对自己的母亲都不放在心上。如果他还是小孩子的时候我们就已经认识了他，那我们就可以亲眼目睹他是怎么朝向犯罪生涯发展的。很长一段时间他处于无业状态，穷得叮当响，还染上了性病。有一天他求职又没有成功，在回家的路上杀死了自己的弟弟，抢夺了弟弟微薄的收入。从这里我们可以看到这个人合作能力的局限是何其严重——没有工作，没有收入，还得了性病。就是这些局限让个体感到自己没有能力做事。

（4）一个自小就孤苦伶仃的孩子被一位母亲领养，养母对他的宠溺程度超乎想象，就这样他被骄纵坏了。到后来他朝着很坏的方向发展，他在商业方面的头脑极其出色，总是不断地试图给人留下深刻印象，总是希望独占鳌头。他的养母一直鼓励他，并且还爱上了他。他变成了一个撒谎精、大骗子，不择手段地骗钱。他的养父母属于稍低层次的上流社会。他摆出一份贵族的派头，任意挥霍他们的钱财，还把他们赶出了家门。不良的教养和无度的溺爱使他堕落成了一个不务正业的浪荡子，他把欺诈、扯谎看作是自己必须完成的人生任务，于是在他的眼里每个人都成了他必须用智谋战而胜之的敌人。他的养母对他的爱超过了对自己亲生孩子的爱，也超过了对自己丈夫的爱。这样的待遇给了他一种错觉，以为自己有权利为所欲为。但他还是过分地低估了自己，这表现在他从来不觉得自己能用常规手段获取成功。

我们曾经指出，没有道理让孩子们承受这种挫败感，由此造成的深层次自卑感将非常不利于合作。

没有人应该在生活的问题面前不战而溃。

罪犯总是选择错误的手段，而我们应该教会他鼓起勇气去关怀他人，去跟人合作。如果所有的人都充分认识到犯罪是一种怯懦的行为，而不是一种有勇气的行为，我相信犯罪分子自我辩护的最大理由就不复存在，未来没有孩子会刻意给自己选择一条犯罪的人生道路。

在所有的刑事案件里面，不管罪犯本人的交代准确与否，我们都能看到他童年时代错误的生活方式对他施加的影响，这种错误的生活方式就表现为合作能力的缺乏。

我想说这种合作能力必须进行培养。合作能力不是遗传的问题，每个人都有合作的潜能，而我们必须认识到这种潜能是与生俱来的，在这方面每个人都是一样的，要开发该潜能就必须进行培养和实践。

关于犯罪的所有其他观点在我看来都是多余的，除非有人能创造出一个懂得合作然而最终沦为罪犯的人。这样的人我从未见过，我也从没有听说有人碰到过这样的人。预防犯罪的正确措施是培养适当足够的合作能力。如果认识不到这一点，我们就无法指望人类避免犯罪的灾难：上合作课的方式跟上地理课是一样的，因为它是真理，真理总是可以传授的。如果一个孩子或一个成人从来没有学过地理课去参加地理考试，他一定考不及格。如果一个孩子或是成人在一个需要具有合作知识的处境下接受测试，而他又没有受过这方面的训练，那他一定也是考不及格的。我们所有的问题都需要合作的知识。

我们已经接近了对于犯罪问题的科学考察的尾声，现在我们必须鼓起足够的勇气来面对真相。经过数千年的历史演进，人类还没有找到解决这个问题的正确方法。目前阶段所运用的方法都是没有作用的，灾难仍旧没有远去。我们的探究告诉了我们其中的原因何在：能够改变罪犯的生活方式、阻止其错误的生活方式进一步发展的正确措施从来没有被付诸实施。既然这个没有做到位，那就没有任何措施能起到有效的作用。

让我们回顾一下研究结果。我们已经发现罪犯并不是人类之中的一个特殊分子，他和其他人没有多少不同，他的举止行为是人类的举止行为当中可以理解的一种。这是一个非常重要的结论：如果我们明白，犯罪不是一件孤立的事情，而是生活态度的病症，如果我们能发现这种态度的源起，那么我们就不会在问题面前束手无策，我们可以自信满满地开

我们已经发现罪犯并不是人类之中的一个特殊分子,他和其他人没有多少不同,他的举止行为是人类的举止行为当中可以理解的一种。

《不可复制》[比利时]勒内·马格利特 1937

展工作，我们一定能实现一场转变。我们发现，犯罪分子长期在非合作的思维模式和行为模式下摔打自己，而他这种缺乏合作的根源要追溯到他童年时期的遭遇，也就是大约四五岁时期。在这段时期中他对他人兴趣的发展受到了阻碍。我们已经描述过这种阻碍跟他与母亲、父亲、周围伙伴的关系有关，也与围绕在他身边的社会偏见，以及在他所处的环境下所面临的重重困难和其他类似因素有关。

我们发现所有犯罪行为的最大共同特点，以及在各种各样失败因素中的最大共同因子都是一样的：即缺乏合作精神，缺乏对他人的关爱之心，也缺乏对人类共同利益的关注。如果我们在总体上希望有所作为，就必须培养和传授这种合作能力。要实现我们期望中的结果没有别的路径可走，一切都取决于一个因素——**合作的能力**。

罪犯跟其他失败者有一点是不同的：由于他日复一日地持续重复那种非合作的习惯行为，他失去了在常规的生活挑战中获得成功的希望，当然其他正常人之中也有不少同样地失去了这种希望，然而，他还保留着一定程度的行动能力，可是他却把这种行动能力的残余用在了生活的消极面上。

他在这些消极面上大做文章,在某种程度上说,他还是能和别人合作的,只不过合作的对象只能是和他同一种类型的人。在这一点上他和精神病患者、自杀者或者酒鬼是不同的。他深深地局限在自己的行动范围之内,有的时候他没有别的选择可能了,只能进行犯罪活动,而这里他所选择的犯罪活动甚至还不是整个犯罪领域里的一切活动,而只是里面的一种,他非常熟悉而且驾轻就熟的那种。这就是他的行动世界的规模和范围,他就龟缩在这局促而狭小的空间里,从这样的环境里我们就能看出这个人是何等缺乏勇气,当然他也是注定缺乏勇气的,因为勇气本身是合作能力的一部分。

犯罪分子无时无刻不在把他的全部思想和感情付诸他的犯罪行动,他白天思考作案计划,夜里做梦也在努力压倒他所残留的社会兴趣。他总是在寻找借口,为自己的行为开脱,并努力寻找"迫使"他成为罪犯的外部环境因素和理由。要穿透社会情感的壁垒不是一件容易的事情,后者会发生强烈的抵抗,但是如果他决意要去犯罪,他一定能找到方法——要么死抱着过去的错误不放,要么是自我麻醉——去消除这道障碍:这一点有利于我们理解该罪犯是如何持续不断地给自己的行为作出解释,而且这样的解释还能够巩固他的人生态度。不仅如此,我们还能够理解为什么他在经过一番思想斗争之后并没有什么收获。他用自己的眼睛看世界,他为自己这一生就这样过了准备好了理由。如果我们不能发现他的这种态度是如何形成并发展起来的，我们就无法指望改变它。但我们具有一样他所不具备的优势：那就是我们对于他人的兴趣，这使得我们能够找出真正能帮助他的方法。

犯罪分子在遇到困难的时候，便会开始预谋策划一场犯罪行动。他没有勇气以合作的方式去面对困难，而去寻找一个便捷的解决方案。特别是在面对如何挣钱、缓解经济压力这种需求的时候，像所有人一样，他也要追寻一个能给自己带来安全感和优越感的目标，他希望解决困难、克服障碍。然而，他的目标是个人想象中的优越感目标，他实现这一目标的方法是，想象自己成为了警察的征服者、法律的征服者，以及社会机构的征服者。这实际上是一场自娱自乐的游戏——冒犯法律，逃避刑侦，使尽狡猾的手段让别人发现不了他。他会相信，用一瓶毒药鸩杀他人就是一场伟大的个人胜利，他自始至终都在欺骗自己，自我麻醉。他在第一次说服自己之后取得了一些成功，在落入法网之后只有唯一的一个念头："我要是再聪明一点，就能逃脱了。"

从全部的过程中我们可以看出他的自卑情结，他逃避一切体力劳动，也逃避集体生活的一切任务。他觉得自己没有能力做到普通人的成功。他逃避合作的行为又实实在在地加剧了他的困难——大多数刑事罪犯都是技术很不熟练的劳动者。他会发展出一种廉价的优越感情结来掩盖自己的自卑感。他认为自己是何等英勇，何等卓尔不群，可是我们能把那种生活阵地上的逃兵称作英雄么？犯罪分子确确实实地是在梦里过他的人生：他没有现实感，他与现实感相抗争，否则他就不得不放弃他的犯罪生涯。因此，我们发现他头脑里想的无非是："我是这个世界上最强大的好汉，因为我敢于对任何人开枪"，或者"没有人比我更聪明，因为我有本事犯案却不被抓住。"

我们已经鉴定出了犯罪模式的根源：罪犯从小通常都是这样一批孩子，他们在很小的时候就承受了过重的负担，或者在家中受到了过度的骄纵和宠溺。有生理缺陷的孩子需要特别的照顾，以帮助他们对别人发生兴趣；否则他们只会关心自己，从而不能够在正确的道路上发育成长。被忽视的孩子、被遗弃的孩子、不被欣赏的孩子，甚至被讨厌的孩子，他们的处境跟有生理缺陷的孩子都很类似：他们还不知道自己是有可能被人喜爱的，也是有可能赢得好感，有可能通过合作去解决问题的。被宠坏的孩子从来没有学着通过自己的努力去获得，他们想他们只需要提出自己有什么要求就足够了，因为这个世界马上会有人忙不迭地过来满足他，如果他所想要的东西没有给他，他会觉得受到了不公平的待遇而拒绝合作。在每一个刑事罪犯的背后我们都能够追索到类似的这种故事。他们没有受过合作方面的教育和训练，他们没有能力去与人合作，他们只要一碰到问题就不知道怎样去应对。于是我们非常明白应该做什么了。我们应该教会他们合作。

我们有充分的知识，现在我们又有了足够的经验。我相信个体心理学向我们展示了怎样去改造每一个个体的犯罪分子。但是我们应该试想一下，对于每一个个体的罪犯，我们都要花这么大的气力来改造他的生活方式，这是一个何其庞大的工程。不幸的是，在我们的文化中，大部分人在他们的困难超过一定的限度之后，他们的合作能力就显示出枯竭的态势。我们还发现，在经济困难时期犯罪数量总是呈上升的趋势。我相信，如果让我们启动这种有十足把握的方式来消灭犯罪，我们将不得不面对人类中的大部分，我还不敢确定：把每一名罪犯或者潜在的罪犯改造成对社会有用的同胞，这样一个直接的目的是不是具有可操作性。

我们还有大量的工作可以做，纵然我们不能改造每一个罪犯，我们还是能做些事情为那些感到自身不够强大、难以应付生活压力的人减负。

比如针对失业者，以及缺少职业培训和技能的人，我们应该让每个愿意工作的人得到一份工作的愿望成为可能。这将是降低我们的社会生活要求的唯一途径，如此，大部分的人也就不会丧失他们所残余的合作能力。毫无疑问,如果我们的行动付诸实施,社会上的犯罪数量将会大大减少。如今经济危机的程度有所缓解,是否我们的时机已经成熟,我还不知道,但我们肯定要努力工作迎接这场转变。

我们也要培训孩子们以适应他们未来的职业,这样他们才能更好地应对生活,获得更广阔的事业空间,这样的培训也能够在监狱里开展。从某种程度上说,我们已经朝着这个方向迈出了步伐,我们所需要做的是加倍努力。虽然给每一位犯罪分子施以个别对待是不可能做到的,但是集体治疗也会有效果。

我建议,我们可以组织相当数量的犯罪分子就一些社会问题进行讨论,就像我们在此讨论他们一样。我们向他们提问,请他们回答,我们给他们启示,要把他们从已经做了半辈子的白日梦当中唤醒过来,要让他们从对世界的错误解释,以及对个人潜力严重低估的负面影响中摆脱出来。我们要教会他们不要自己把自己限制死了,要消除对自己必须面对的处境和社会问题的恐惧之心。我非常确定,这样的大规模群体治疗能起到很好的效果。

我们还应当在社会生活中避免一切能对罪犯或穷人、赤贫者发生刺激作用的事物。如果出现贫富两极比对过于极端,会挑起穷困潦倒的人的愤怒,严重刺激他们的嫉妒心。因此我们一定要避免高调的炫富行为:完全没有必要去详细展示自己的巨额财富。

在对落后学生、问题儿童的治疗过程中，我们已经了解到挑战他们、考验他们的力量根本就是无益之举。因为他们就沉浸在一场与环境的战斗中，他们要在战斗中比拼自己坚持消极态度的耐力。

罪犯也是同样如此，走遍全世界我们都可以观察到所有的警察、法官，甚至我们制定的法律都在挑战罪犯，这会点燃他们的怒火。人们不应该威吓罪犯，如果我们少说几句话，不要提起罪犯的名字，不要更多地给他们曝光，效果会好很多。现在人们对待罪犯的态度需要改变。我们不要相信单靠严酷或怀柔就能改变一个罪犯。罪犯只有在更好地理解自己的处境之后，才有可能发生转变。当然我们必须保持人道，我们不能错误地认为罪犯能被死刑吓坏：如我们所见，很多时候死刑只是增加了游戏的兴奋度，即使罪犯被判处电椅死刑，他们依旧会认为是他们犯案过程中的一个错误导致他们被捕。

如果我们加大努力提高破案率，那将是大有好处的。就我所知，百分之四十甚至更多的案犯逃脱了法网，这一事实无疑助长了罪犯的错误认知。差不多每一名案犯都有过作案不曾被抓住的经历。在破案方面我们已经取得了一些进步，我们正走在正确的方向上。还有一点很重要的是：无论罪犯是在监狱服刑期间，还是刑满出狱之后，我们都不可以羞辱他们，也不应当挑战他们。如果能增加缓刑官的数量将是一个很有益处的方案，如果选出了合适的人，缓刑官自己就会在社会问题和合作的重要性问题方面获得启示。

采取了以上措施之后，我们已经能做出很大成绩。然而，仅仅是这样我们还是没有能够如我们所愿地降低犯罪率。所幸的是我们还有一个办法，这个办法操作性强，付诸实施后将会成效斐然。如果我们能将孩子的合作能力训练到合适的程度，如果我们能开发出他们的社会兴趣，犯罪数量一定会大幅度缩减，这样的效果在不远的未来就能见到。这些孩子将不可能受到教唆或蛊惑，无论他们在生活中遇见什么样的麻烦或困难，他们对于他人的兴趣都不会被破坏殆尽，他们的合作能力，与令人满意地解决生活问题的能力都会远远高于我们这一辈人。

大部分犯罪分子都是在年纪很小的时候就失足了，通常他们都是在青春期开启了犯罪生涯，十五岁到二十八岁可以说是犯罪发生率最高的年龄段。因此我们的努力将很快见到成效。不仅如此，我还深信，受到正确引导的孩子又能影响到他们自己的整个家庭生活。独立、有远见、乐观、发育良好的孩子是他们父母的好帮手，也是他们的安慰。合作的精神会迅速传遍全世界，整个人类的社会氛围都会提升到一个很高的水准。我们在影响孩子们的同时，也应该去尽力地影响家长和老师。

现在剩下的唯一问题就是我们如何选择一个最佳的切入点，我们应使用什么方法来培养孩子，使得他们能承担起生活的任务并面对可能的问题。或许我们首先要培训所有的家长？不，这个建议没有多少成功的希望。家长是不容易受到教育控制的，最需要培训的人就是那些最不愿意见我们的人。所以我们无法接触到他们，不得不另想他途。

要不我们把孩子们集中起来，锁在一间大房子里，请人看管他们，时时刻刻小心翼翼地保护他们的安全？这个建议也不见得有多高明。其实有一个切实可行的方案，而且确实能解决实际问题。我们可以把教师培训成促进社会进步的利器：我们可以教会教师纠正孩子在家庭中所形成的错误习惯，开发孩子对他人的兴趣并将之扩大。对于学校来说，这是一个完全自然的发展过程。既然家庭不能教育他们的孩子应对未来生活中的所有问题，人类才建立了学校作为家庭延伸出去的胳膊。为什么我们不能利用学校来强化人类的社会性和合作性，让他们更关注整体的福祉呢？

诸位可以看到，我们的行动建立在以下几条基础想法之上，我简明扼要地阐述一下：在当前的文化形态下，我们之所以能够享受这一切成果都是有赖于前人作出的贡献。如果个体没有形成合作精神，对他人不感兴趣，对我们的共同体不作任何贡献，他们的整个生活就是贫瘠的，他们留不下任何痕迹就会从地球上消失。

只有那些作出贡献的人，他们的成果才会保存下来。他们的灵魂还活着，他们的灵魂也是长存不灭的。如果我们把这个知识点作为教育孩子的起点，他们就会在成长的过程中，自然而然地喜欢上需要多人合作的工作。将来他们即使面临困难，也不会被困难削弱意志，哪怕是最困难的问题，也有强大的精神动力应对，并且为了人类的共同利益去努力解决它们。

《小城办公室》 [美]爱德华·霍珀 1953

10

职业

每一个想要解决职业问题的尝试都必须在人类劳动分工的框架下进行，我们的工作必须有利于其他人，必须以合作形式的努力去作贡献。

| 职业 |

　　约束人类的三条纽带决定了人生的三大问题,而这三大问题又不能孤立地解决,解决其中的任何一个问题都要求成功地处理好另两个。

　　第一条纽带是关于职业的问题,我们居住在这个星球上,只拥有这一个星球的资源:富饶的土地、丰富的矿产,以及气候和大气。寻找环境留给我们的问题的答案是人类一直以来面临的任务,即使到今天我们都不能说我们已经找到了足够令人满意的答案,但是为了人类的进步,为了更好的成就,我们就必须持续不断地奋斗。

　　要解决我们的第一个问题,最好的办法来自第二个问题的解答。维系着人类的第二个问题是:每一个人都是人类之中的一分子,与千千万万和他同类的人以各种各样的联系生活在一起。假如这个人是地球上唯一的居民,他的人生态度和行为举止将完全不同。我们一直要跟其他人打交道,努力地让自己适应他们,并对他们产生兴趣。要解决这一问题,最好的解决之道是友谊、社会情感和合作。随着这一问题的解决,我们就朝着成功解决第一个问题的方向迈出了极大的一步。

人类历史上之所以能够完成劳动分工这一伟大壮举,只是因为人类学会了合作。劳动分工是人类福祉的主要保障,如果每一个个人都只靠他自己,而脱离任何合作,脱离过去积累下来的所有合作成果,想在星球上保持着人类的生活是不可能的。通过劳动分工我们可以利用各种各样的训练成果,组织起各种各样的能力,这样所有人就都可以为他们共同的利益作出贡献,轻松地摆脱不安全感,所有的社会成员都获得了更多的机会。当然,我们还不能夸口说已经做出了所有能够做到的成就,也不能自以为劳动分工已经发展到了顶级完善的阶段。然而,每一个想要解决职业问题的尝试都必须在人类劳动分工的框架下进行,我们的工作必须有利于其他人,必须以合作形式的努力去作贡献。

有的人试图逃避职业问题,他们不肯工作,或者从事一些与人类整体利益无关的活动。我们总能够发现,如果这类人回避职业问题,他们事实上就是在从他们身边的同伴那里获取给养。他们是以这种或那种方式在依靠别人的劳动过活,而自己却没有丝毫的付出。这是被宠坏的孩子的生活方式:

不管何时只要一有问题出现，都要求同伴们付出努力替他解决了。阻碍人类合作、给积极解决生活问题的人增添不公平负担的主要就是这类被宠坏的孩子。

人类的第三条纽带是：他必然是两性之中的一个性别，而不可能是其他性别。他在延续人类物种的活动中的职责取决于他与异性的接触，以及他个人性角色的完成。两性之间的关系也形成了一个问题，而该问题同样不能脱离另两个问题孤立地解决。为了成功地解决婚恋的问题，求得一份能够为劳动分工作出贡献的职业是必不可少的，同样必不可少的还有与他人良好的、友善的关系。如我们所见，在我们今天这个时代，对这一问题的最佳解决方案，也是与社会需求和劳动分工最为契合的解决方案，就是一夫一妻制。一个人的合作程度，可以从他对这个问题的回答方式中看出来。

这三大问题彼此之间是永远都不能割裂的，而是互相交织互相影响的，其中一个问题的解决势必有助于另两个问题的解决，实际上我们可以说，它们是同一处境、同一问题的不同方面，也就是：一个人在他所身处的环境之中保持生命、延续生命所必须满足的条件。

在这里我们必须重申：一个选择了以母亲身份为职业、为人类生活作贡献的女性，她在人类的劳动分工中所占据的位置是非常崇高的，也是不逊于其他任何人的。如果她把兴趣点集中在自己的孩子身上，并且为他们将来发展成为良好的公民铺平了道路，如果她扩大孩子们的兴趣，训练他们与别人合作，她的工作价值之高是怎么褒奖都不为过的。在我们当代的文化中，母亲的劳动被低估得太严重了，而且在世人眼里，这是一份相当没有吸引力、不被看好的职业。这份工作只能间接地获得酬劳，并且以该工作为主要职业的妇女在总体上处于经济不独立的地位。其实，一个家庭的成功既包含了母亲的劳动，也包含了父亲的劳动，两者是等量齐观的。母亲无论是持家也好，独立地工作也好，她作为母亲的劳动付出绝不比她丈夫的工作低下。

母亲是孩子发展职业兴趣的过程中所施加影响的第一人。而一个人在他生命的前四年或前五年中所作出的努力和所接受的教育对于他在成人时代的主要行动范围有着至关重要的决定性作用。当我应邀去帮助别人进行职业指导的时候，我总是询问对方的早期记忆，以及他在那个时候的兴趣是什么。他对于这个时期的记忆非常有说服力地表明他已经坚持不懈地把自己往什么职业方向上培养了：这些记忆展现了他是个什么类型的人，以及他潜在的认知世界的模式。关于早期记

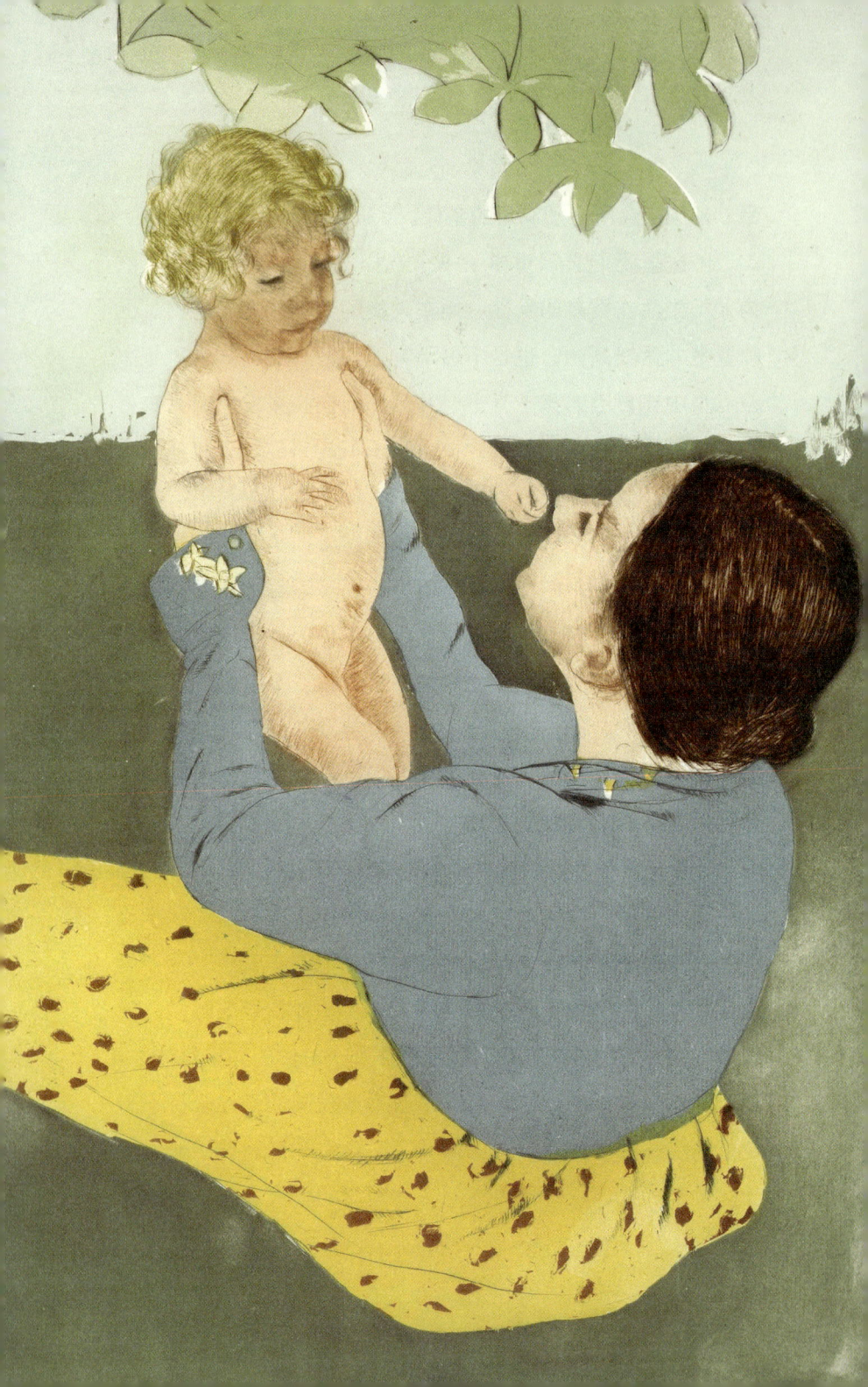

一个选择了以母亲身份为职业、为人类生活作贡献的女性,她在人类的劳动分工中所占据的位置是非常崇高的,也是不逊于其他任何人的。

忆的重要性,我在稍后还会加以论述。

教育的第二个阶段由学校来执行,我相信,如今的学校更关注的是孩子的未来职业,更注重训练他们的手、耳、眼睛,以及多方面的能力。这种训练与专门学科的教学同等重要。我们不应该忘记,学校的那些学科教育对于孩子的职业发展也是非常重要的。我们常常听人说起,他们几年之后就忘记了在学校学的拉丁文或法语,尽管如此,学校教授这些课程并非错误。在学习所有的这些课程的过程中,我们通过过去所积累下来的综合经验,找到了训练大脑所有功能的最佳途径。还有的现代学校很注重手工艺制作活动,我们认为这也可以丰富孩子们的阅历,提升他们的自信。

如果一个孩子知道自己童年时代的职业倾向,那么他后来的发展就简单多了。如果我们问孩子们将来想做什么,大多数孩子都能给出一个答案,他们的答案并没有经过深思熟虑,而且在他们说想当飞行员或者机车司机的时候,他们并不知道为什么要选这项职业。因此我们的任务是洞察孩子们的潜在动机,了解他们努力的方向,发现推动他们向前的力量、他们给自己的定位、他们出人头地的目标,以及他们感觉自己怎样具体地实现该目标。他们所给出的回答只是告诉了我们他们心目中代表着优越地位的某种职业,但是从这个职业里我们看到也有其他机会帮助他们实现自己的目标。

十二三岁的孩子对自己将来从事什么行当已经有了相当

多的认知，如果在这个年龄段还不知道自己将来想干什么，我挺为这个孩子感到难过的。他外表上缺少雄心壮志，但这并不意味着他对什么事情都缺乏兴趣。他也许怀着凌云壮志，但没有足够的勇气向别人说出自己的志向。

在这样的情况下我们就要费点周折了解他的主要兴趣和主要活动。有的孩子在十六岁高中毕业的时候，对于自己将来从事的职业仍旧举棋不定。他们往往是成绩优秀的学生，但对于自己的人生之路走向何方却毫无想法。我们发现这样的孩子还是很有抱负的，只是不具备真正的合作精神。他们没有找到通往劳动分工的路径，到了时间也不知道有什么切实可行的办法能够实现自己的抱负。所以，在孩子们很小的时候问他们将来想从事什么职业，这样做还是很有好处的。

我常常去学校里提出这样的问题，孩子们就被引导着在这个问题上展开思考，而不会将它遗忘，或者隐藏他们的答案。我也问他们为什么选择这样或那样的职业，他们的回答总是隐含了很多细节。从一个孩子对职业的选择中我们能看出他整个的生活方式，他在向我们展示他为之奋斗的主要方向，以及他在生活中最看重的东西。我们应该让他珍视自己的选择，因为我们自己也说不上来哪种职业更崇高，哪种职业卑下。如果他真的从事了这项职业，积极致力于为他人作贡献，那么他对社会的有用程度就不低于任何其他人。他唯一的任务就是磨炼自己，努力地自谋生路，在劳动分工的总体框架之下设定自己的兴趣爱好。

总有一些人在选择了一项职业之后又感到很不满意。他们所想的其实并不是职业,而是轻而易举地满足自己追求优越感的需求。他们并不愿意面对生活中的问题,因为他们觉得生活给他们制造麻烦就是一件不公平的事。这些人又是一群被宠坏的孩子,他们只想着依赖其他人的帮助。

也许大多数的男男女女都会对自己在四五岁时的主要培养方向感兴趣,而无法忘记这些兴趣,但是到后来很可能出于经济因素的考虑,或者由于父母的压力,他们选择了另一个方向,最终从事了自己并不感兴趣的职业。这就是儿童时代培养方向的重要性的另一个体现。如果我们从孩子的早期记忆中发现他对视觉事物感兴趣,我们可以得出结论,他更适合于视觉优先的职业。

在职业指导中,早期记忆是十分重要的考虑因素。假如一个孩子讲起某人跟他说的话所留下的印象,一阵风刮过风铃传出的声音,我们就知道了他是一个听觉类型的人,我们可以猜想他更适合跟音乐有关的职业。从一些别的回忆中我们还可以看出关于运动的印象,这些印象是个体对于运动的需求,也许他们对需要户外运动的职业或者跟旅游有关的职业更感兴趣。

人们最常见的一个自我奋斗目标是试图胜过家庭的其他成员,特别是要胜过父亲或母亲,应该说这是一个很有价值的奋斗方向。我们非常乐于看到后辈胜过前辈的景象，从某种程度上说，一个孩子立志要在自己的职业实践中超越父辈的成就，父辈的经验就可以给他提供一个非常好的开端。警察的孩子萌生想当律师或者法官的愿望是常有的事。如果父亲是一名公职人员，或者是医生，孩子自小就立志想当医生。如果父亲是一名教师，孩子就会立志成为大学里的一名教授。

　　<u>通过观察孩子的言语举动，我们往往能看出孩子为长大成人之后选择职业所作出的自我训练。</u>比如说，有些孩子想成为一名教师，我们就能注意到这样的孩子喜欢把比他们更小的孩子召唤到一起来，跟他们玩学校上课的游戏。这样的游戏其实给了我们一个暗示，该暗示提醒我们孩子的兴趣在哪里。如果有个女孩盼望着自己成为妈妈，她就会跟布娃娃一起玩，培养自己对婴儿的强烈兴趣。这种训练自己成为母亲角色的兴趣应该得到大大的鼓励，我们不必害怕小女孩玩布娃娃会出什么问题。有些人担心，如果我们把布娃娃给了小女孩，会导致她们丧失现实感，其实她们只是在训练自己的角色认同感，履行一个母亲应该完成的任务。如果她们在这么小的年纪就自觉进行这样的训练，那是非常难能可贵的！如果这时候没有作为，等到了年龄很大的时候，她们转向别的方面的兴趣就已经固化定型，再进行母亲角色的训练就为时已晚。很多孩子表现出对机械和技术方面的强烈兴趣，这也是一个良好的迹象，如果他们将来能够如愿以偿地从事

理想中的职业，就一定会大有作为的。

还有一些孩子总是不愿意接受领导岗位，他们的主要兴趣在于找到一位领导人，自己好仰视他，该领导可以是另一个孩子也可以是一个成人，他们非常愿意一切听从他的指挥。这不是一个良好的发展迹象，假如我们能够削弱孩子的这种臣服于人的倾向，我会很高兴的。如果不能阻止这股势头，这样的孩子在长大以后将不能胜任领导职位，从他们的角度考虑，他们应该选择小职员的职位，每天例行公事的日常工作、一切都是事先安排好的、循规蹈矩的事务比较适合他们。

毫无准备地突然遭遇亲人患有重大疾病或死亡的孩子，总是会对生老病死的事情怀有极大的兴趣。他们希望当一名医生、护士或者药剂师。我认为，他们的努力方向应该得到鼓励，因为我发现这种对医生职业兴趣浓厚的孩子很早就开始了自我培训，而且对医生的职业活动非常喜爱。有时候见证一场死亡的经历会以其他方式得到补偿。孩子会产生这样的志向：通过艺术或文学创作超越死亡，或者他也有可能成为一名虔诚的教徒。

回避职业问题的错误，或者作风散漫、怠惰，也是出现在很小的年龄阶段。每当我们看到这样的孩子长大以后开始步入困境时，我们应该以科学的方法找到他这种错误形成的原因，并且用科学的方法帮助他纠正错误。假如无需我们努力工作，我们所寄居的星球就可以为我们提供我们所想要的一切，那么懒散或许是个美德，勤快是个恶习。然而，从我们与我们所寄居的星球——地球的关系来看，对于职业问题的合理回答，也是符合常识的唯一回答只能是：我们必须工作，我们必须合作，为全体人类的福祉作贡献。只要凭人的直觉就能感受到这一点，现在，我们从科学的视角也能洞察到工作的必要性。

天才在童年时代的自我训练很早就表现得非常明显，我相信天才的问题有助于我们对整个课题的理解。人类总是把那些对人类共同的福利作出巨大贡献的人称作天才，我们无法想象一个没有给人类创造利益的人也能算作是天才。艺术是最需要所有的个体付出合作的产物，人类伟大的天才提升了我们文化的整体水平。

荷马在他的诗歌中只讲到了三种颜色，可是这三种颜色已经涵盖了所有颜色的浓淡深浅和细微差别。当然在那个时代，人们是有能力识别颜色之间的差异的；但是要一一指称出来却无必要，因为这种差别实在是太细微了。

谁教会了我们区别我们今天能够说得上来的颜色呢？我们必须说这是艺术家和画家的功劳。作曲家将我们的听觉提升到了一个无与伦比的精致程度，现在的我们之所以能用和谐的音调说话，而不是原始人的那种粗陋音调，这都是因为音乐家教会了我们，是他们丰富了我们的头脑，教会我们训练自己的各项功能。是谁深化了我们的情感深度，教会我们更好地言说,更好地理解他人?是诗人,诗人丰富了我们的语言,使其更具有灵性,并更为适应生活的各种需要。

  天才是世界上最具有合作能力的人,这是不刊之论。从他们的某些方面的行为和人生态度来看,我们也许看不出他们的合作能力,但是从他们整个的人生画卷来看,其合作精神就是显而易见的了。对他们来说,也许合作比其他人更困难一些。他们选择了一条艰难之路,有很多障碍需要克服。他们往往有严重的生理缺陷,几乎在所有的伟大人物身上我们都能发现某些生理缺陷,我们能得到这样一种印象:他们在人生之初极度痛苦地经历了各种磨难,但是由于他们的不懈奋斗,最终战胜了重重困难。我们可以特别清楚地看到,他们在很小的时候就锁定了对自己未来事业的兴趣,并且在童年时期极为刻苦地磨炼了自己。他们的感官被砥砺得十分敏锐,这样他们才能够与世界上的各种难题相接触并理解它们。从他们早期的自我磨炼中我们就可以得出结论:他们的技艺和他们的才华都是靠着自己成全的,并不是自然的禀赋或遗传给予他们的"不当"恩赐,他们的努力最终让我们受益。

  早期的奋斗是后来成功的最坚实的基础。设想一下,有一个三四岁的女孩单独待在家里。她给她的布娃娃编织一顶帽子,我们看见她在认真地干活,告诉她那顶帽子真漂亮,并给她提建议把帽子编织得更好看。小女孩受到了激励和鼓舞,便加倍努力,手艺迅速提高。可是,如果我们跟她说:"把针线放下！你会戳着自己的。你织这顶帽子有什么用？我们出去买一顶好看得多的帽子。"她就只能放弃她的努力了。如果比较一下两个女孩后来的人生之路，我们可以发现：前一位女孩发展出了自己的艺术品位，非常喜欢动手创作；而后一位女孩完全不知道自己怎么做才好，她会觉得什么东西都是购买现成的比自己动手制作的好。

如果在家庭生活中过于强调金钱的作用，孩子们就会被误导，结果就只用赚钱多少这唯一的标准来看待职业问题，这是一个巨大的错误，因为孩子并没有从为人类作贡献这个角度来指引自己的兴趣。每一个人都应该挣钱养活自己，这固然是事实，有的人忽视这一点而给别人增添了麻烦，这也是事实。但是，如果孩子只对赚钱感兴趣，他很容易脱离合作的正轨，而只考虑他自己一个人的利益。如果"赚钱"成了他唯一的目标，没有社会兴趣与他的赚钱活动相伴随，他有什么理由不考虑通过抢劫、诈骗等手段去赢取钱财呢？即使情况没有这么极端，但是他的个人目标只有低度的社会兴趣相伴随，他可以赚钱赚得风生水起，然而他的行为却于他人没有多少益处。

在我们这个复杂的时代，发家致富的可能性千千万万。从某种角度说哪怕是一条错误的道路有时候也能导向成功，我们倒不必为这种事情惊讶，而且我们也不能保证说生活态度正确的人们一定都能直接获得事业的成功。但是我们可以

《戈尔孔达》 [比利时]勒内·马格利特 1953

保证说，这样的人永远不会丧失信心和勇气，更不会失去自尊。

有的时候职业会被当作一种借口，用来逃避社会问题和婚恋问题。在我们的社会生活中，过于夸大事业的重要性，借此来逃避恋爱和婚姻的问题是常有的事，有时候还会被当作是感情失败的借口。

一个对自己的工作狂热投入的人会想："我没有时间来经营我的婚姻，所以婚姻的失败没有我的任何责任。"对于神经症患者而言，社会问题和婚恋问题恰恰是他们尤其爱逃避的两大问题。他们要么不会接近异性，要么就是以错误的方式接近异性。他们没有朋友，对他人不感兴趣。但他们夜以继日地工作，他们白天想着工作，夜里做梦也想着工作，他们长期处于高压下的紧张状态中，这种紧张状态又造就了神经症的症状、胃病以及类似的病症。他们觉得既然得了胃病，就有充分理由不去处理社会问题和婚恋问题。另一种情况是有的人不断地更换工作，他总是想着找一份更适合他的工作。到最后他一份工作也没有能够坚持下来，他总是在不停地变换来变换去。

我们对待问题儿童的第一个要点是找出他们的主要兴趣，找到了以后对他的帮助工作和鼓励就很容易展开了。对于那些不能安心于自己职业的年轻人，以及年长一点、在事业上遭受挫败的人，也要找出他们真正的兴趣所在并加以利用，我们要以适当的方式对他们作职业指导,并且努力帮助他们找到工作。这并不总是一件容易的事。

在我们今天这个时代,失业数字过于庞大将是一个危险的信号。因为这不是人们愿意努力改善合作状况的应有表现。<u>我相信每一个认识到合作重要性的人都应该会尽力去创造一个没有失业的理想社会,创造一个工作的大门向着每一个愿意工作的人开放的理想社会。</u>

我们可以推动培训学校、技术学校和成人教育的发展来改善失业的状况。很多失业者都是未受过训练、没有工作技能的人。他们当中的某些人很可能对社会生活也不感兴趣。如果社会上没有受过教育的人太多,对大众利益漠不关心的人太多,这对于全人类来说将是一个沉重的负担。这些人觉得自己远不如别人,处境非常不妙,我们也可以理解罪犯、精神病患者和自杀者之中很大一部分人都是未受过训练、无工作技能的人。因为他们缺少训练,于是给全人类拖了后腿。

所有的家长和教师,所有关心人类未来发展和进步的人,都应该付出努力保证所有孩子受到更好的教育,这样他们之中的绝大多数人在步入成年之后,就不至于在社会分工之中找不到自己的一席之地。

《爵士咖啡厅》 [瑞典] 佩尔·奥伯格

11

个人与社会

他是一个非常好的工作伙伴,
是所有其他人的好朋友,
是恋爱和婚姻中的理想伴侣。

个人与社会

对于个人来说,人类最古老的奋斗,是加入属于他的同伴。对同伴的兴趣,标志着人类这个物种所取得的全部进步。

在家庭这样一个组织中,对其他人的关爱是至关重要的。回顾我们所能企及的最遥远的历史,我们发现人类一直倾向于以家庭的方式聚集。原始部落使用共同的符号,把所有的部落成员凝聚在一起,符号的用途就是把同类们团结起来,实现共同合作的目的。最简单的原始宗教是对某个图腾的崇拜。有的部落崇拜的是蜥蜴,有的崇拜的是公牛或者蛇。崇拜同一个图腾的人们生活在一起并进行合作,部落里的每一位成员与其他人都是以兄弟相待。这种古老的习俗是人类建立并稳固合作关系所迈出的最重要的步骤之一。在这些原始宗教的节庆活动中,每一个崇拜蜥蜴的人与族群里的伙伴们聚到一起，他们讨论收成的事情，以及如何抵御猛兽，如何防备恶劣天气等问题，这就是节庆活动的意义。

婚姻被视作是涉及整个部落利益的大事，每一位崇拜同一个图腾的成员必须要在本族群之外、社会规范之内寻找自己的配偶。我们必须知道：爱情与婚姻并非私事，而是全人类的心灵与精神都参与其中的共同事业。婚姻之中包含着一定的责任，因为它承载了全社会所托付的一个任务，夫妻双方生出健康的孩子，孩子在合作的精神之下茁壮成长，这是跟全社会休戚相关的大事。因此，全人类都应该在每一桩婚姻中心甘情愿地参与合作。原始社会的种种做法、他们的图腾以及控制婚姻的复杂规定，在我们今天的人看来似乎可笑，但是在当时的重要性却是怎么估计都不过分的，它们的最终目的都是为了增进人们的合作。

宗教之中最重要的一条教义是"爱邻人"。在此，我们以另一种形式表达了增强对伙伴的关爱的诉求。很有趣的是，我们今天可以从科学的角度来论证这种诉求的价值。被宠坏的孩子问我们："为什么我要爱我的邻居？我的邻居爱我吗？"问这种话就暴露了他缺乏合作精神的教育，也暴露了他自私自利的心态。对身边的伙伴漠不关心的人在生活中会遇到最大的困难，也会给其他人带来最大的伤害。人们所有的失败都是因这些人而发生的。世界上有很多宗教和信条都在努力以自己的方式增强合作。就我本人而言，我赞同所有那些把合作视为最终目标的人为努力。人和人之间不应该互相争斗，互相苛责，互相贬低。我们谁都没有特权拥有绝对真理，世界上通往合作的终极目的的道路却有很多条。

在政治实践中，我们知道最好的制度也会被人滥用，但是，如果人们丧失了合作精神，那就注定了在政治生命中一事无成。每一位从政者都必须把改善人类的境况作为最终目标，改善人类的境况就意味着更高程度的合作。很多时候我们都不能明确判断哪一位政治家或者哪一个党派势力能真正地带领国家向前行进。因为每一个个体的判断都是从他自己的生活方式出发的，如果一个政党内部的合作气氛融洽，我们没有理由去憎恨其行为，民族运动同样如此。假如这些运动的目的是将孩子们培养成能够抱团的一群人，增强他们的社会情感，他们可能会坚持他们自己的风格，崇拜自己的民族，并尝试着按照自己理想中的最佳方案去影响和改变法律，他们的这些努力也是无可非议的。阶级运动也是一种群体运动与合作，如果其目的是为了改善人类的处境，我们就应该放下偏见。所以，对一切运动的评价标准只能是看他们是否能推进人们之间的团结合作，我们会发现，世界上有很多路径能帮助我们增进合作。也许这些方法是有高下之分，但是，只要能够保障合作的进行，那就不要因为方法不够理想而去攻击它。

我们所不能认同的是这样一种人生观：有的人只想从别

人那里获取，只想着他的个人利益。这种人生态度是我们所能想象得出的个人进步和共同体进步的最大障碍。**唯有通过关心我们身边的伙伴，人类的能力才有可能发展出来。**说、读、写这些活动都是以与他人的沟通为前提的。语言本身就是人类的集体创作，是社会兴趣的产物。理解与沟通是一件共同的事，而不是私人的功能。理解他人同时也意味着我们期待着自己也同样程度地被他人所理解，也就是说要在共同的意义上实现我们与其他人的沟通，用所有人的常识来掌握这种沟通。

还有一些人只顾着满足自己的兴趣和个人的优越感，他们赋予生命的意义是自私的，生命只对于他们自己才有意义，这不是一种人际的理解，只是一种狭隘的意见，世界上的其他人都不会同意。我们发现这种人是难以跟其他人建立沟通的。我们经常可以从一个习惯了以自我为中心的孩子的脸上看到一副卑微的或者是木然的表情，从罪犯或者疯子的脸上也能看到类似的表情。他们不会跟别人进行眼神的接触交流，他们看人的方式和常人是不同的。有时候这样的孩子或成人甚至不会拿眼睛看他们身边的伙伴，他们的目光总是转移到旁边望向别处。很多神经症患者也表现出同样的不能正常交流的症状，比如，他们会难以抑制地脸红、口吃，还有阳痿、早泄都是这方面非常明显的表现，显示出患者没有能力与别人结成团体，因为他们对别人根本上就缺少兴趣。

孤僻的最高程度就表现为精神病。即使得了精神病也并非不可治愈，只要能唤醒病人对他人的兴趣就有治疗的希望。但是，精神病患者与周围人群的距离是相隔最远的，他们这种疏离感在程度上也许仅仅比自杀者稍微和缓一些。治疗这种疾病是一门艺术，需要非常高明的技巧。我们必须争取病人回归到正常的合作道路上来，而且只能以最耐心、最友善、最温存的态度对待他们。

有一次，我应邀去治疗一位患有精神分裂症的女孩，她患病已达八年之久，最近两年一直待在精神病医院里。她像一条狗那样汪汪乱叫，乱吐口水，撕扯衣服，还想把手帕吞进肚子。这些行为显示出她对别人是多么的不感兴趣，她就想扮演一条狗，我们也能理解这一点。她觉得她的母亲就拿她当狗一样对待，她的种种行为似乎在传递这样一个意思："我见的人越多，我就越喜欢做一条狗。"我和她连续讲了八天的话，她没有回应我一个字。我继续跟她说话，直到三十天后，她才开始含含糊糊地说一些话，说的内容完全听不懂。但我已经成了她的一个朋友，她受到了鼓舞。

这样的病人纵然受到了鼓舞，但他也不知道自己的勇气应该往哪方面使用，他对周围人的抗拒力量依然非常强大。不过我们可以预料到，在他的勇气恢复到一定的程度，却仍然不希望与人合作的时候，他会怎样行动。他的举止会像一个问题儿童：处处表现得令人讨厌，但凡手上能抓到的东西都要摔碎，或者动手殴打旁边陪伴他的人。

在下一个阶段我和这个女孩说话的时候，她就打我了。我不得不考虑我的应对之策，唯一的办法就是让她惊讶，要达到这个目的我就不作抵抗。诸位可以想象这个女孩子，她的力气并不大。我任由她打，友善地看着她。这时候她仍旧不知道怎样使用她那股被重新唤醒的勇气，她打破了我的玻璃窗，玻璃划破了她的手。我并没有呵斥她，而是用绷带包扎了她受伤的手。对付这种暴力行为如果用常规的办法，比如把她圈禁起来，锁在房间里，都是错误的。如果我们要争取这个女孩子，就必须采取不一样的行动。指望一个精神病人像正常人一样规矩行事，这是一个最大的错误。精神病人不会像正常人那样作出反应，几乎所有的人都会为之恼火、愤怒。他们会不吃不喝，撕烂衣服,诸如此类的行为不胜枚举。就让他们折腾去好了，这个时候没有别的办法可以帮助他们。

过了这个阶段，女孩子的病好了。一年之后她的健康状况非常好。有一天我前往曾经收容她的那家精神病院去，半路上我遇到了她。"您要去哪里？"她问我。"跟我来，"我回答说，"我要去那家精神病院，你在那里待过两年。"我们就一起去了那家精神病院，会见了曾经治疗过她的医生。我提议我去看望别的病人，那位医生可以和她谈一会儿。我回来的时候，看到那位医生满面怒容。"她的健康状况出奇地好，"他说，"但有一样让我感到非常扫兴，她不喜欢我。"我还是时不时地能见到这个女孩，她良好的健康状况保持了十年之久。她已经能够挣钱养活自己，和周围人相处融洽，见过她的人没有人敢相信她得过精神病。

有两类病症特别能显示出病人与其他人之间存在的隔阂，这就是妄想狂和忧郁症。患有妄想狂的病人总是指责所有的人，他觉得周围的人都伙同在一起密谋陷害他。忧郁症患者总是谴责他自己，比如他会说："是我害了我一家人"，或者"我把钱丢光了，我的孩子都要饿死了"。如果一个人总是责怪他自己，这仅仅是表象而已，实际上他在埋怨别人。

一位身份显赫、颇有影响的女性曾经遭遇了一次意外事故，无法继续她的社会活动。她有三个女儿都已经结了婚，她感到非常孤单。与此同时她又失去了丈夫。之前她一直享受众人的尊崇，此刻她很想给失去的东西找到替代。她开始在欧洲各地旅游，她感觉自己不再像以前那样显赫，就在旅行途中，她还是患上了忧郁症。她的朋友也离开了她。忧郁症这样的疾病对于患者周边的人来说是一场非常严峻的考验。她给女儿们拍电报要她们回来，可是每个女儿都有借口，没有一个回来看她。她回到家以后，最常说的一句话就是："我的女儿们对我真是太好了。"她的女儿们把她一个人撇了下来，找了一个护士照料她。既然老母亲回家了，她们只是偶尔去探望。我们不能对老太太说的话的表面意思信以为真，这些话其实是一种指责，所有知道真实情况的人都会看出来这是一种指责。忧郁症像是针对他人的一种长期积聚的不满和抱怨，虽然其目的是要争取对方的关心、同情和支持，但是病人表现得似乎只是为了自己的错误而感到烦恼。忧郁症病人的最初记忆通常是这样的："我记得我想在长沙发上躺下来，可是我的哥哥已经躺在那儿了。我就不停地哭，他就只好起身离开。"

忧郁症的病人经常会用自杀的方式进行自我报复，医生首先要做的事情是避免给他们的自杀行为提供任何借口。我向他们提出的建议是要努力减缓病人全身心感受到的压力感，这条建议是治疗过程中的首要原则："<u>永远不要做你不喜欢的事情。</u>"这句话看似稀松平常，但是我认为它触及了全部问题的根源。假如一个忧郁症病人能随心所欲地做任何事情，那他还能抱怨谁？他还有什么理由向自己报复？"如果你想去看戏，"我对病人说，"或者想去度假，就尽管去好了。如果你走到半路上又觉得不想去了，那就回来吧。"这是所有人都想达到的最舒适的境界，追求优越感的人能得到很大的满足。他就像上帝一样想怎么样就怎么样。另一方面，这种状况跟他的生活方式的匹配度很差，他想统治各方，指斥别人。如果他们总是附和自己，那还怎么统治他们？这个方法对于减轻压力非常有效，我的病人之中没有一个自杀的。当然，可以理解的是，最好有人看护着这样的病人，而我的一些病人就没有得到我所希望的那种密切的看护。只要有人在旁边忧郁症像是针对他人的一种长期积聚的不满和抱怨,虽然其目的是要争取对方的关心、同情和支持,但是病人表现得似乎只是为了自己的错误而感到烦恼。

《穿着红色大衣的女人》 [法]安德烈·洛特 1940

看着,就不会出危险。

对于我的建议,病人通常会回答说:"可是我没有什么喜欢做的事情。"对于这样的回答我早有了准备,因为同样的话语我已经听过很多次了。"那么,你就不要做你不喜欢做的任何事情。"我这样说。然而有时候病人会回应说:"我就愿意一整天躺在床上不动弹。"我知道,假如我附和他,他反而意兴阑珊不想这样做了。我更知道,假如我阻拦他,他就会挑起一场战争。我总是附和他。

这是一条铁律,除此之外,另有一种方法更直接地冲击他们的生活方式。我告诉他们:"如果你听从我的一条建议,十四天之后就能痊愈。这条建议就是:你每天都好好想想怎么样让别人高兴。"想想这句话对他们意味着什么?他们整天动的是这样的念头:"我怎么做才能达到烦扰别人的目的?"对我刚才那句话的回应非常有意思。有的人说:"这对我来说再容易不过了,我这一辈子都是在取悦别人。"其实他们根本没有这样做过,我只是要求他们仔细考虑考虑,他们也不会仔细考虑。我告诉他们:"你睡不着的时候,可以想想怎么样让别人高兴,这样你就充分地利用了你所有的时间,你这样做了以后就为恢复健康迈出了一大步。"第二天我再见到病人的时候就问他们:"你照我说的认真想过了没有?"他们回答说:"昨天夜里我一上床就睡着了。"当然这一切的操作必须以一种非常谦和、非常友善的方式进行,医生决不能流露出一丝半点的优越感。

另一些人会回答说:"我做不到,我的烦心事太多了。"我告诉他们:"那你就继续烦心吧,不过我希望你还是经常能抽时间想想别人。"我想引导他们对自己的伙伴感兴趣。很多人就说:"我为什么要让别人高兴?别人可没有让我高兴。""可是你必须考虑你的健康,"我回答说,"以后别人恐怕要受你的连累。"在这种情形下,我极少听到有病人回应说:"我认真考虑过你的建议了。"我所有的努力其目的都是增强病人的社会兴趣。我知道他得病的真正原因在于他缺少合作,我希望他也能看到这一点。哪一天他能跟他周围的伙伴建立起一种平等的合作关系,他的病就算好了。

另一种缺少社会兴趣的明显例子是所谓的"过失犯罪"。一个人点燃了一根火柴丢落在了地上,引发了一场森林大火。或者就像最近发生的一起案件:有个工人把一根电线铺伸在马路上就下班回家了,一辆汽车压过电线,车主不幸身亡。在这两个案例里面个体都没有故意伤害的意图。从道德的意义上看,他对于这实际发生的灾难也是没有过错的。但是他没有学会为别人着想。他没有养成为保障他人安全而自发地采取防范措施的习惯。这是缺少合作能力的一种程度较高的表现,常见的还有脏兮兮的小孩、踩到别人的脚趾的人,以及打碎碗碟,或者撞翻壁炉架上的装饰物等现象。

学校和家庭都教育孩子要对自己的伙伴感兴趣,我们已经看到是什么样的障碍在干扰着孩子们的发展。社会情感恐怕并不是遗传得来的本能，但是社会情感的潜能却是得自遗传。潜能的开发端赖于母亲的技巧以及她对孩子的关爱程度，同时也与孩子对周边环境的判断相同步。如果孩子感到他人对自己怀有敌意，如果他感到他被一群敌人所包围，他处于一种四面楚歌的处境，我们就无法指望他能交到朋友，他自己也不可能成为别人的知心朋友。如果他觉得别人都应该是他的奴隶，那他就不会萌生为别人作贡献的愿望，而总是想着支配别人。如果他只关注自己的身体舒适，冷热痛痒，那他就会把自己跟社会隔绝开来。

我们已经知道，让孩子感觉自己是家庭里面与其他人平等的一个成员，并且让他对其他人都感兴趣，这对于孩子是善莫大焉。我们也知道，父母之间就应当友善相处，应该在家庭之外还跟别人保持有很好很亲密的朋友关系。这样一来，他们的孩子就意识到在家庭之外也有值得信赖的人。我们同样知道，孩子在学校里应当感觉自己是班级的一部分，是其他孩子的朋友，而且这样的友谊是可以信赖的。家庭生活和校园生活都是为更广阔的社会生活作准备，其目的在于把孩子培养成一个合格的社会人，整个人类世界当中与其他人平等的一个成员。只有满足了这些条件，孩子才会保持住自己的勇气，面对生活中的问题从容淡定地去想法解决，从而也扩大了整个社会的福利。

如果孩子能够成为所有人的好朋友，通过有益的工作和幸福的婚姻为别人作贡献，他就永远不会感到低人一等，也不会有无能感、挫败感。他会觉得这个世界跟自己的家是一样的，到处充满了友爱，到处能碰到他喜欢的人，所有的困难都能够得心应手地克服。他会感到："这个世界是我的世界，我必须行动起来，安排起来，而不是作壁上观，坐享其成。"他会非常清楚：当下只是人类历史长河当中的一个阶段，他本人也属于这个历史进程——过去、现在和未来。但是他又知道在这个时代他能够完成自己的创造性的任务，能够为人类的发展作出属于自己的独特贡献。固然，这个世界上存在着邪恶、困难、偏见和灾难，但这是我们自己的世界，所有的好事和坏事都是属于我们的。我们在我们的世界里努力工作，尽量地让它更加美好，我们不能指望别人来接手这个任务，从而他会尽他的本分走正确的道路来改变这个世界。

　　接受自己的任务意味着以合作的方式承担起解决人生三大问题的重任。我们对一个人的全部要求，以及对一个人能给予的最高赞誉，就是：他是一个非常好的工作伙伴，是所有其他人的好朋友，是恋爱和婚姻中的理想伴侣。

　　一言以蔽之，我们可以说：

他证明了自己是
　　　一个好同伴。

《明亮的大橱窗》 [德] 奥古斯特·马克

12

爱情与婚姻

爱情,以及作为爱情的完成——婚姻,
是一个人对异性伴侣的最亲密的奉献,
这种奉献表现在身体上的吸引、心灵上的志同道合,
以及养育后代的决定之中。

爱情与婚姻

在德国的某个地区，通行着一种测试订婚的男女是否适合婚姻共同生活的古老的习俗。在举行结婚仪式之前，新郎和新娘被带到一片横放着一棵被砍倒的树干的空地上，有人给他们递上一把两端都有把手的锯子，两人就一齐用力把树干从当中锯成两段。这项测试可以表明这对新人彼此合作的意愿有多强。这是两个人的任务，如果他们之间没有信任，就会把锯子使劲推向对方，这样就完不成任务了。如果他们中有一人想独占鳌头，什么事都归他自己，那么即使另外一方撒手，这项任务也要花上两倍的力气。他们双方都要发挥主动，但是两人的主动性必须协调在一起。这些德国村民早就认识到，合作是婚姻最基本的先决条件。

如果让我来说，爱情和婚姻意味着什么，我会给出以下

定义,这个定义有可能不是很完备:

"爱情,以及作为爱情的完成——婚姻,是一个人对异性伴侣的最亲密的奉献,这种奉献表现在身体上的吸引、心灵上的志同道合,以及养育后代的决定之中。显而易见,爱情和婚姻是合作的一种表现形式,当然不仅仅是为了两个人的利益的合作,而且也是为了全人类利益的合作。"

爱情与婚姻是为了全人类利益的合作,这一观点让我们更容易理解问题的各个方面。即便是身体的吸引——作为人类最重要的生理冲动——对于人类的发展也是最为必需的。我常常解释说,人类因为体能的局限,不能在这个可怜的星球——地球的表面很好地存活,要保存人类这个物种,主要方法还是不断地繁衍后人,因此,我们的生育能力,以及持续不断受到身体吸引力刺激的能力是非常关键的。

在我们今天的时代,我们发现很多麻烦和纠纷都是由爱情问题引起的。已婚夫妇面临着这些麻烦,父母们为他们操心解决,整个社会也被牵连进这些麻烦之中。如果要让我们试着去找出一个正确的结论,我们就必须采取公正的、没有偏私的态度。我们暂且忘了学过的内容,尽我们所能地去研究问题,不要让其他的顾虑干扰我们完整的、自由的讨论。

我不是说,我们能够把爱情和婚姻问题当作一个完全孤立的问题来进行裁断,一个人永远不可能在这条道路上获得完完全全的自由:如果他是走在纯粹个人的理念的路径上,那他是绝无可能找到解决他的问题的办法的。每一个人都受制于一定的约束,他的发展只能够在一个确定的框架下进行,他所有的决定也必须适应这个框架。约束人的三大纽带是由这样的几个事实决定的:我们都生活在宇宙的一个特殊星球上,必须在环境给我们限定的可能性和条件下发展,我们都和同类生活在一起,我们必须学会适应其他人,人类存在着两种性别,人类这一物种的未来取决于这两大性别之间的关系。

很容易理解:如果个体对自己的伙伴和人类的共同利益很感兴趣,他做的一切事情的目的都是为了伙伴的利益考虑,那么在解决爱情和婚姻问题的时候,他不会伤及别人的利益。不过,他并不一定意识到他正在以这种方式处理问题。如果他被问起他的行动目的,他很可能无法用科学的语言表述清楚。但是他会自发地追求人类的利益和进步,而且他的这种兴趣在他所有的行动中都可以看出来。

总有这么一些人不太关心人类的共同利益,他们不是把"我可以为我的同伴们做什么""我怎样才能成为共同体当中的一分子"这样的问题当作核心的人生观,他们只会问:"生活有什么用?我能得到什么?生活给了我什么好处?其他人考虑过我的利益了吗?我得到了应有的赞赏了吗?"如果一个人生活态度的背后是这样的想法,他也会以同样的方式去解决恋爱和婚姻中遇到的问题。他总是会问:"能有什么好处给我?"

爱情并不像某些心理学家所认为的那样是一种纯自然的反应。性行为确实是一种冲动、一种本能，然而爱情和婚姻的问题并不能简化成我们如何去满足这种冲动。无论怎么说，我们都应该发现，我们的冲动和本能都已经受过了教化而变得文明、优雅。我们压抑某一部分的欲望和倾向。为了我们的同伴着想，我们已经学会了不要互相侵犯。我们也学会了如何穿着，如何修饰。甚至在挨饿的时候也不能听任纯粹自然的满足，我们已经培养出了高雅的品味和用餐礼仪。我们的冲动已经适应了我们的共同文化，它们全都反映了我们为了人类的共同利益，以及为了我们的社会生活所付出的努力。

假如把这种理解施用于爱情和婚姻的问题，我们将会看到，它总是会涉及对共同体的兴趣、对全人类的利益。这种兴趣是最根本的。只有在考虑到人类的关联、考虑到人类福祉是一个整体的时候才能解决这个问题，在看清这一点之前，讨论爱情和婚姻的任何要点是没有用处的，缓解矛盾、整改建议，推出新的规定或制度也都是没有用处的。或许我们能有所改进，或许我们能找到解决问题的更完整的答案，然而，如果说找到了更好的答案，那只不过是因为这样的答案更周全地考虑到：人类生活在地球上，有男女两性，组成社群生活势所必然。只要我们的答案顾及了这些因素，那么这个答案里所包含的真理就是颠扑不破的。

如果采取这种思路，我们在爱情问题当中的第一个发现就是：爱情是两个个体的任务。对于很多人来说这注定是一个全新的任务。过去的某些教育训练我们独立完成工作，某些教育训练我们进行团队工作或者群众工作。在两人工作方面我们的经验都比较缺少。这样一种新局面就产生了一个困难，不过，只要两个人习惯了关爱自己的同伴，这个困难就不难解决，因为他们很容易对对方发生兴趣。

我们甚至可以这样说，为了圆满解决两个人的合作问题，合作的一方甚至要比关心自己更加关心对方。这是成功的爱情和婚姻得以立足的唯一基础。我们已经能够看到，有关改进婚姻质量的那么多意见犯了什么性质的错误。

如果婚姻中的每一方都关心对方胜于关心自己，平等就产生了。如果双方都能倾情奉献，那就不会有谁产生被压制或相形见绌的感觉。只有双方都采取这样的态度，才能形成真正的平等。双方都应该努力让对方活得轻松而感觉丰富。这样的话两个人都会很有安全感。两人都会感到自己很有价值，都感到伴侣需要自己。在这里我们看清楚了婚姻的基本保障要素，以及在这种关系下快乐的基本含义。那就是：感

《对视》 [挪威] 爱德华·蒙克 1894

到自己是有价值的、无可替代的,自己的生活伴侣需要自己,自己把事情做得非常妥当,自己是一个好的伴侣和真正的朋友。

对处于合作任务当中的伙伴来说,让他接受一个从属性质的地位是不可能的。如果一方试图管制另一方,逼迫对方服从自己,这样的两个人是无法幸福地生活在一起的。在我们今天的社会状况之下,有许多男人——其实也有许多女人——相信男人的角色就是要统治,要独裁,要担任领导者的角色,要做霸主。这就是为什么有这么多不幸婚姻的原因。没有人能毫无怨言、毫无反感地接受一个低三下四的地位。同伴之间应当平等,只有平等了,才能找到切实解决困难的方法。比方说,在生养孩子的问题上就能达成共识。他们知道,如果决定不生孩子,就影响了他们曾经为人类未来立下誓言时的形象。他们在教育问题上也能形成一致意见,在出现问题的时候,他们会积极主动地去解决,因为他们知道,孩子如果生活在不幸的婚姻之中,他们的处境是非常不利的,他们无法得到良好的发育。

在我们今天的文明时代,人们普遍没有做好充分的合作准备。我们的教育过分地倾向于个人的成功,倾向于让我们从生活中索取,而不是向生活奉献。这就很好理解:当两个人生活在婚姻所要求的亲密关系之中的时候,合作当中所出现的失误,或者对他人关心能力的不足,都会引起极其严重的后果。许多人还是有生以来第一次经历这样亲密的关系，他们非常不习惯去了解另一个人的兴趣、追求、喜好、愿望和抱负。当共同任务的问题出现的时候，他们根本就没有做好准备。当我们看见自己身边这么多错误的时候不必惊愕，但我们可以反省这些事实，从中学习如何在将来避免错误。

事先不经训练，就无法解决成人生活当中的危机。我们的反应总是与我们的生活方式高度一致。对于婚姻的准备不是一蹴而就的。从一个孩子的个性行为中，从他的人生态度、思想和行动中，我们就可以看出他是如何为将来的成人生活作准备的了。他对待恋爱的基本态度在五六岁的时候就已经定型了。

在孩子很早的发展阶段，我们就能看出他已经形成了对恋爱和婚姻的看法。我们不能认为小孩子已经表现出成人意义上的性冲动，其实他只是在塑造自己对总体的社会生活——他感觉自己就是这个社会生活中的一部分——中的某一个方面的观点而已，爱情和婚姻当然也是他所处环境中的因素：这两者很自然地进入了他对未来的设想中。他对于两者一定是有某种理解的，对于相关的问题也有自己的立场。如果孩子在很小的时候就对异性表现出非常明显的兴趣，并且挑选出他所喜欢的伴侣，在此情况之下我们不应该将这种现象视为一种错误，或者是一种胡闹，或者是性早熟。我们更不应该嘲笑他，戏耍他。我们应该肯定这是为准备爱情和婚姻所迈出的一步。我们不但不该取笑他,相反应该肯定他,因为爱情是一件非凡的任务,是对全人类有益的任务,他应该为这项任务做好准备工作。这样,我们就在孩子的心灵中种下了一颗理想的种子,在他长大以后,他就能以忠诚奉献的态度,以修养良好的伙伴和朋友的形象与他人交往。有一个现象非常有启发性:孩子们都是自发性地、衷心地拥护一夫一妻制,而且我们还不能忽略这样一个事实——他们父母的婚姻并不总是和谐幸福的。

我永远不会鼓励父母过早地向孩子们解释性关系方面的知识,也不赞成他们给孩子灌输他们求知欲范围以外的性知识。诸位应该能够理解,孩子对婚姻问题的看法是非常重要的。如果他受到了错误的引导,他会把婚姻看作是一样危险的事物,或者是某种外在于他的事物。依照我的经验来看,如果孩子在四五岁,或者六岁就知道了成人关系,或者孩子有过性早熟的经历,他们在以后的岁月里对恋爱是恐惧的。身体的吸引在他们看来也是一种危险。如果孩子再长大一点,有了初次的性教育或经历之后,他就不再这么害怕了,他在了解男女之间的正确关系的时候也不太可能再犯错误了。真正能帮助孩子的手段绝不是对孩子撒谎,也不是回避他的问题,而是理解他在问题的背后有什么想法,只有在他想要知道的时候才给他解释,所讲解的内容也是我们确定是他能够理解的。画蛇添足的信息,或者对他起干扰作用的知识只会给他造成很大的伤害。对于这一个生活问题，和其他所有的问题一样，最好让孩子保持独立，让他通过自己的努力去了解他想要知道的知识。如果在他和父母之间建立起了信任，他就不会受到伤害。他会向父母咨询他需要知道的知识。有一种常见的迷信认为：孩子们会听从他们的同龄友伴一知半解的诱导而误入歧途，我还从来没有见过一个各方面都健康的孩子会以这种方式遭受伤害。孩子们不会生吞活剥地接受从他们同学那里听来的一切知识，他们中的大多数人还是很有批判眼光的，他们在吃不准道听途说的东西是否属实的时候，就会去问父母或者哥哥姐姐。我还必须承认，我经常发现孩子们对于这种事情的处理，往往比大人表现得更为敏锐，更讲究方法。

成人生活中的生理吸引其实在童年时代就已经得到了训练。儿童所获得的关于怜爱和吸引力的印象，他周围异性留给他的印象，这些都是生理吸引的开始。如果一个男孩子从他的母亲、姐妹以及他周边的女孩那里获取了这种印象，他在以后的生活中，那些与他早期环境下认识的女性相似的异性对象会成为吸引他的首选。有时候，他也会受到艺术创作的影响：**每个人都会以这种方式受到他自己心目中审美理念的吸引**。在后来的生活中，个人并没有在广泛的意义上自由选择的机会，而只能够沿着他所受教养的线索作出选择。这种审美追求并非毫无意义，我们的审美情绪总是以对人类的健康和进步的感觉为基础的,我们所有的机能、所有的能力都是朝着这个方向被塑造的。我们无法回避这个方向。我们视之为美好的东西,都是朝向永恒的,都是有利于苍生百姓的,也是有利于人类的未来的,它们所代表的方向也是我们希望我们的孩子们去追随的,这就是一直吸引着我们向前的美。

有时候,如果男孩跟他的母亲发生冲突,或者女孩跟她的父亲关系失和(这种情况多发生在婚姻中的合作不够紧密的条件下),他们就会选择和他们的父母性格截然相反的异性做生活伴侣。举个例子,一个男孩的母亲长期地指责他、打骂他,如果男孩性情懦弱,害怕被管制,他很可能就会觉得那些看上去不那么咄咄逼人的女性充满了魅力,如此他就非常容易犯这样的错误:他一心要寻找一个愿意无条件顺从他的伴侣。然而缺乏平等的婚姻从来都是不可能幸福的。有时候,他为了证明自己是强大有力的,也可能找一个看上去似乎是强势的伴侣,或许是因为他就是喜欢有力量的人,或许是因为他觉得她的挑战更能证明他的力量强大。如果他跟母亲关系的裂痕非常严重,他对爱情和婚姻的准备就会受到阻碍,甚至异性的生理吸引对他都不会起什么作用。这种妨碍在影响程度上可以分成多个级别,程度最严重的时候,他会完全排斥异性,行为变得极端反常。

如果父母的婚姻美满和谐,孩子对于婚姻的准备就会好得多。他们对于婚姻的最早印象就是得自父母的生活。而生活中大部分的失败者恰恰是来自婚姻破裂的家庭的孩子，或者是家庭生活不幸的孩子，这种现象不足为奇。如果父母自己都没有合作的能力，他们就绝无可能教会孩子合作。一个人是否适合结婚，最好的考察方法就是了解他是否在良好的家庭生活范围里接受过教育，观察他对于父母、兄弟姐妹的态度。这里的一个重要因素就是他在哪里形成的对恋爱、婚姻的准备思想。在这一点上我们必须十分慎重。我们知道，一个人的观念并不是由他所处的环境决定的，而是由他对自己所处的环境的理解决定的。他的理解是比较关键的。很有可能他在父母家的家庭生活过得很不快乐，然而这段经历却刺激了他去更好地经营自己的家庭生活。他就会努力地做好迎接婚姻的准备。我们不能因为一个人有过不幸的成长环境就轻易地判断他，或者排斥他。

对于婚姻最糟糕的准备做法是：一个人总是只顾念他自己的所好。假如他长期以来只是习惯于这种思路，他自始至终就只会考虑生活能给他带来哪些愉悦或乐趣。他会不断地索要自由、轻松，从不考虑他能给他的伴侣带来轻松而丰富的生活感受，这种态度会造成灾难性的后果，我想应该用"缘木求鱼"这个成语来形容这样的人。这称不上罪恶，但却是错误的方法。在对恋爱态度的准备过程中，我们不能一味地贪求安逸，回避责任。

《灰烬》［挪威］爱德华·蒙克 1894

如果存在着犹豫、迟疑的态度，恋爱的关系便不能稳固。婚姻的合作需要双方都作出终生不渝的决定，只有作出了坚如磐石、无可更改的决定，我们认为这种结合才是真爱和真正婚姻的样板。此决定就包含了诸多的责任：生养孩子，教育他们，训练他们合作，尽己所能地把他们培养成真正的社会公民、人类种族中有高度的平等意识和责任感的成员。一段好的婚姻是培养人类下一代的最重要的条件，所有的婚姻都应该意识到这一点。婚姻是一项很实在的任务：它有自己的规矩和定律，我们不能只选择其中的一条，而忽视其他，如果这样做一定会破坏地球上的永恒铁律——合作。

假如我们把自己的责任只局限在五年之内，或者把婚姻只当作是一段试验期，那就没有可能享受真正的、亲密的爱的奉献。假如男方和女方都给自己预备了退路，他们就不可能全力以赴地去完成婚姻的任务。对于生活中一切严肃和重要的任务，我们都不可以先给自己安排好一条"脱身之计"。我们不能在恋爱的同时设下界限。所有那些劝说已婚者在婚姻中寻求解脱的善良热心的人们，都是走在一条错误的道路上。他们所设想的解脱会破坏或削弱进入婚姻的夫妻双方所作出的努力，他们会让后者轻松地找一条全身而退的出路，忽略了他们在已经决定要完成的任务中所做的工作。我知道在我们的社会生活中有许多困难，这些困难妨碍了许多人在解决恋爱和婚姻问题的时候走上一条正确的路，尽管他们是真心想要解决困难。我们要摆脱的不是爱情和婚姻,而是我们社会生活里的困难。我们知道对于一份包含了真爱的伴侣关系而言,什么特征是必不可少的:忠诚、坦率、值得信赖、无保留、不自私……诸位可以理解,如果一个人整天做的事情就是怀疑自己的伴侣不忠诚,这个人就不是一个适合结婚的人。甚至,如果夫妻双方都同意各自保留自己的自由,也不可能拥有真爱。这样的感情不是爱,有爱的感情在任何一个方向上都不是自由的,为了合作我们必须自觉地约束自己。

让我来举一个例子,这个例子能说明这样一种私人的约定是多么不利于婚姻和人类的利益,而且还会对夫妻双方造成伤害。

我记得有这样一个案例:一个离婚男子与一个离婚妇女结成夫妻。他们都是受过很好的文化教养,头脑非常聪明的人,他们都非常希望这段新的婚姻会比上一次的婚姻更幸福美满。然而他们不知道自己的第一次婚姻是怎么失败的,他们都没有看到自己在社会兴趣方面的缺失而急于寻找改进婚姻质量的办法。他们都自认为是自由思想者,想建立一种不受约束的新式婚姻,如此一来,彼此之间感到厌倦的风险就不复存在了。于是,他们约定不管什么样的大事小情,双方都享有绝对的自由,他们可以随心所欲地做任何事情,但是彼此又必须有足够的信任,要把自己做过的所有事情都告知对方。

在这一点上,丈夫似乎更有勇气,无论何时他回到家里,他都把自己的许多放荡经历讲给妻子听,而她听到这些似乎也很享受,并且为丈夫的"成功"感到骄傲,于是她也蠢蠢欲动地想开始与人调情或者发生暧昧关系,可是在她付诸行动之前,她却患上了陌生环境恐惧症。她不再敢单独出门,她的神经高度焦虑,这使得她只能待在家里,假如她走出家门一步,她立刻就会大受惊吓,不得不返回家去。这种陌生环境恐惧症似乎是妨碍了她之前所作的决定,但是更大的麻烦还在后面,到后来,因为她无法单独出门,她的丈夫被迫陪伴在她的身边。诸位可以看到,这段婚姻的逻辑是怎么样被他们的决定所破坏掉的。丈夫不再是个自由思想者,因为他必须守在妻子身边。而她也不再能够利用她的自由,因为她害怕单独出门。如果这位妇女的病治好了,她会对婚姻达成一种更好的理解,而她的丈夫也会将婚姻视作一项合作的任务。

还有其他一些错误在婚姻的一开始就形成了。从小被宠坏的孩子长大以后在婚姻之中常常感到自己被忽视了,他没有受过训练去让自己适应社会生活。一个被宠坏的孩子可能在婚姻中变成一个暴君,而另一方就会觉得自己是受害者,感到自己被关进了牢笼,于是开始反抗。如果有机会观察两个被从小宠坏的孩子长大以后结成夫妻是什么样,将是一件非常有趣的事情。他们每一方都要求对方关心自己、留意自己，但哪一方都不能得到满足。接下来他们就寻求解脱的办法，其中一方跟外面的人勾搭，希望引起自己配偶更多的关注。有些人是无法只爱一个人的，他们必须同时跟两个人恋爱。这样他们才感到自由，他们可以从一个人逃到另一个人那里，而永远不承担恋爱的全部责任。而其实，两个都想要，到头来一个也得不到。

还有另一类人总会杜撰一段浪漫故事，或者是一种理想、一种永远也无法企及的恋爱。他们浸泡在这种奢望里面，而不在现实当中寻觅真正的侣伴。对爱情的过高幻想会排斥掉一切可能性，因为没有人能够做到。有很多男人，但尤其有更多的女人，由于他们发展过程中所犯下的错误，渐渐习惯了反感甚至排斥自己的性别角色。他们压抑自己的自然机能，若不进行治疗，他们的身体已经不能够去成功地完成一段婚姻。我把这个称作"性别羡慕"，这种现象是由于我们当前的文化过度高估男人的地位而引起的。如果孩子们怀疑自己的性别角色，他们很容易产生不安全感。只要一个人认为男性理所当然应该占据支配地位，无论是男孩还是女孩，都会很自然地认为男性角色令人羡慕。他们因此就会怀疑自己能否胜任该角色，会过于夸大阳刚之气的重要性，也会努力避免别人考验他们的男性化程度。在我们的文化中，对性别角色的不满时有发生。

我们怀疑这就是一切女性性冷淡和男性不育的原因所在，

她不再敢单独出门,
她的神经高度焦虑,
这使得她只能待在家里,
假如她走出家门一步,
立刻就会大受惊吓,
不得不返回家去。

《纽约的一个房间》 [美]爱德华·霍珀 1932

在这两种情况下，那种对爱情和婚姻的抗拒获得了机会表现出来。如果不能实实在在地获得男女平等的感觉，那么夫妻性生活的失败就是无法避免的。人类之中如果有另一半人对自己的地位不满，就构成对婚姻成功的巨大威胁。解决之道就是进行男女平等思想的教育，我们决不能允许孩子们对自己未来的性别角色的认知一直处于模糊状态。

我相信，婚前避免发生性关系，是争取爱情和婚姻中亲密奉献的最好保证。我发现，多数男人心底里并不喜欢自己的心上人在婚前献上自己的身体。有时候他们会把这看作是轻佻德行的表现，并且对此深为忧惧。更重要的一点是，在我们的文化状态下，如果婚前发生了亲密的关系，女方所承担的精神压力会更大。假如婚姻的缔结是出于恐惧而不是出于勇气，这就是莫大的错误。我们知道勇气是合作的条件之一，假如男人和女人选择自己伴侣的时候是出于恐惧，这就表明他们并不是真心希望与对方合作，如果他们选择的伴侣是一个酒鬼，或者社会地位和教育程度远不如自己的人，情况也是一样的。他们害怕爱情和婚姻，只是希望营造一种氛围，让他们的伴侣始终仰望着他们。

友谊是培养社会兴趣的途径之一。我们在友谊中学会用另一个人的眼睛去观看，用他的耳朵去聆听，用他的心灵去感受。假如有一个孩子受到了挫折，身旁没有伙伴和朋友，他就无法发展起与另一个人共同感受的能力。他总是会觉得自己是这个世界上最重要的存在者,总是想着维护自己的利益。友谊中的磨炼就是在为婚姻做的一种准备。孩子们玩游戏其实对他们是大有好处的,因为在游戏中就包含了对合作的训练。然而在孩子们的游戏中我们往往看到的是竞争,和胜过别人的欲望。我们最好能营造适当的环境让两个孩子一起做事,一起研究,一起学习。

我特别相信舞蹈的价值不能低估。舞蹈是这样一种活动:两个人一起完成一件共同的任务,我认为让孩子们在舞蹈中接受训练是大有好处的。我说的舞蹈,不是我们现在常见的那种舞蹈,现在的舞蹈更多的是表演性质,而不是共同任务的性质。假如我们能有简单易学的舞蹈教给孩子们,这对于他们的成长发育是有极大帮助的。

另一个有助于婚姻准备的事情是职业,今天对于职业问题的解决被看得比解决爱情和婚姻的问题还要重要。夫妇中的一方,或者双方都必须有一份职业,这样他们才能养活自己,才能支撑起一个家庭,所以,我们就能理解:恰当的婚姻准备也包含了对职业的恰当准备。

一个人有多少勇气，他的合作程度怎么样，可以通过他与异性的交往看出来。**每一个个体在求爱的时候都有他自己的独特的处事方式、个性和气质**，这一切都是跟他的生活方式一脉相承的，从他的恋爱气质中我们可以看出他对于人类的未来是否持肯定的态度，是否充满自信和合作精神，或者他是不是只对他个人的事情感兴趣，是不是有怯场的苦恼，是否深受"我在表演一出什么戏？他们会怎么看我？"等问题的困扰。

《吻》 [奥] 古斯塔夫·克林姆特 1907—1908

一个人在求爱的过程中可能表现得持重而谨慎,也可能草率而仓促,不管怎么说,他的恋爱气质总是和他的目标以及生活方式相匹配,而且这也是他的生活方式的一种表现形式。仅仅根据一个人的求婚表现还不足以判断他是否适合结婚,因为在这个时候他有一个直接的确定的目标在眼前,另一方面他又可能是优柔寡断的。尽管如此,我们依然可以从中得出一些关于他的个性的可靠线索。

在我们当今的文化条件之下(也只是在这些条件之下),通常人们都认为应该是男人首先采取主动,向女方表达爱慕。只要是这种文化需求存在着,那就必须要训练男孩子们的阳刚气质——做事主动,不要扭扭捏捏,或者想着逃避。然而,只有在男孩子们体会到自己是整个社会生活的一部分的时候,并把这种要求作为自己的优势和劣势都接受下来的时候,这种训练才会有效。

当然,姑娘们和女人们也可以求爱,她们也可以采取主动,不过在我们当前所盛行的文化条件之下,女性普遍感到自己有保持矜持的义务,她们对意中人的仰慕表现在她们的整个外表、仪态上,表现在她们的着装上,表现在她们的视听和言谈的方式上。因此可以说,男人的求爱方式更简单、更浅显,而女人的求爱方式则更为内敛,更复杂。

现在我们可以往前再迈出一步了。爱侣对对方的性吸引力当然是必要的,但是这种吸引力应该依照对人类共同福祉的愿望来进行打造。假如双方都确实是彼此爱慕，就绝不会出现性吸引力枯竭的问题。之所以会有性吸引力消失的问题存在，是因为兴趣的缺乏。当该问题出现时，说明当事人从他的伴侣那里感受不到平等、友爱和合作，他也不再愿意丰富伴侣的生活。人们肯定会想，有时候分明是兴趣还在，但吸引力消失了。这种情况是不真实的。有时候嘴巴会欺骗，或者头脑不会理解，但是身体的功能绝不会撒谎。如果性功能失灵了，只说明在两人之间不再有真正的共识。他们已经失去了对彼此的兴趣。至少，其中的一人，没有诚意去完成爱情和婚姻中的任务，而只是在寻找机会退避三舍或逃之夭夭。

与其他的物种相比，人类的性冲动还是有一点不同的：它具有一种连续性。这是巩固人类利益的另一条保障之路，因为有了这样一条道路，人类才能繁衍后代，人口持续增加，人的生存和福利必须要靠庞大的人口基数作为保证。而其他的动物物种则是依靠其他手段来确保其生存，比如：我们发现有很多雌性动物产下数目庞大的卵，但是有很多卵是无法成活的，它们或丢失，或被毁坏，但是因其数量庞大，总有一些卵能够存活下来。

人类要生存下来，方法也是繁衍后代。因此我们发现，在爱情和婚姻的问题上，那些最自觉地关心人类利益的人，才最有可能生养孩子，而那些有意识或无意识不关心其他伙伴的人，会拒绝生育负担。如果他们总是向他人伸手和索取，自己从不付出,他们就不会喜欢孩子。他们只会对自己感兴趣,他们把孩子看作是一种干扰、一种麻烦、一个讨厌的任务、某种妨碍他们维持自己利益的存在者。因此我们说,要圆满地解决爱情和婚姻的问题,生养孩子的决定是非常必要的。我们知道,美满的婚姻是抚养人类下一代最佳的途径,步入婚姻殿堂的人必须始终记着这一点。

在我们现实的社会生活中,解决爱情和婚姻问题的方法是一夫一妻制。一夫一妻制需要人们向自己的配偶付出亲密的奉献,需要对配偶有真诚的关切,任何人一旦开始了这样的关系,就不再可能动摇它的根本基础,也不会寻找脱身之法。我们知道,总是有机会使一夫一妻的关系发生破裂,不幸的是我们并不是总能避开这种可能性,不过,只要我们把婚姻和爱情视作我们面临的一个社会任务,一个期待我们去着手解决的社会任务,就可以很容易地避开婚姻关系破裂的危险。我们应该竭尽全力地去解决这个问题,婚姻之所以破裂通常是由于夫妻双方都没有尽全力而导致的:他们不是主动地经营婚姻,而只是被动地坐等现成的婚姻从天而降。如果他们以如此方式来面对问题,他们当然就会在婚姻中失败了。

把爱情和婚姻看得像天堂一般美好是错误的,但是把婚姻看作是一段故事的结束也是错误的。两个人喜结连理之时,就是他们包含了各种可能性的关系的开始。在婚姻之中,他们要面对生活的真正任务,以及为了社会而进行创造活动的真正机会。另一种观点认为婚姻是一种结束，是最终目的的实现，这种观点在我们的文化中非常盛行。例如，从浩如烟海的小说中，我们就能看到一男一女终成眷属，小说到此就结束了，而实际上，他们共同的生活才刚刚开始。然而小说制造的情形却常常是仿佛婚姻皆大欢喜地解决了所有问题，仿佛结了婚就是圆满地完成了任务。我们需要认识到的第二个重要观点是：爱情本身是不能解决一切问题的，爱情有很多种类，要解决婚姻问题，最好的办法是依托于工作、兴趣和合作。

在整个婚姻关系中，并没有什么奇妙的力量可言。每一个个体对待婚姻的态度就是他的生活方式的表现：我们要理解他对婚姻的态度就必须了解他整个的为人，没有别的办法，他对婚姻的态度融贯在他全部的努力和目标之中。因此我们就能够看出：为什么有这么多人总是寻求解脱或逃离的办法。我甚至可以精准地说出有多少人持有这种态度：所有那些保持着被宠坏的孩子的心态的人。

这种类型的人对我们的社会生活是会造成危害的——这些已经长成大人的被宠坏的孩子，他们的生活方式还是固定在四五岁阶段，他们顽固地坚守着这样一种认知模式："我想要的东西都能得到吗？"如果他们不能如愿以偿地得到想要的一切，他们就会感到人生是灰暗的，"如果我得不到自己想要的东西，活着有什么意思？"他们会问。他们的心态变得非常悲观：他们凭空产生了"想死的念头"。他们把自己弄得惊魂不定,还从自己的错误的生活方式中营造出一套哲学。他们把自己的错误观念看成是独一无二的瑰宝,具有无可比拟的重要性。在他们看来,要他们压抑自己的冲动和情绪是这个世界强加给他们的恶意要求。他们习惯了放纵自己的冲动和情绪,他们曾经经历过一段快乐的时光,那时候他们想要什么就全都称心如意地得到了。也许他们之中还有人觉得只要自己哭得够久,吵得够响,拒绝合作,他们就会得到自己想要的东西。他们从来不顾惜社会生活的共同利益,而只关心他们自己的个人利益。结果,他们不愿意作出贡献,总想着不劳而获,想着自己的要求永远不要被人拒绝,于是,在他们的愿望之中,婚姻就可以是一种类似于"不满意就退货"的商业行为,他们期待着一种露水姻缘,试婚,以及离婚很方便的婚姻:婚姻生活刚刚开始的时候,他们要求自由和不忠于对方的权利。

如果一个人是真正地关爱着另一个人,他就一定具备了属于这种关爱行为的全部特征:他一定是个真诚的、善良的朋友,他一定负有责任感,他一定是个值得信赖的人,对对方保持着忠诚。我相信一个不能成功地建立起这样一种爱情和婚姻生活的人,至少应该明白在这一点上他的生活误入了歧途。

关怀孩子们的幸福当然也是同样必要的,如果婚姻不是以我所主张的观念为思想基础,就会在养育孩子的问题上出现巨大的障碍。如果父母总是争吵，将婚姻看得无足轻重，如果他们不认为婚姻问题是可以解决的，不认可他们之间的关系可以持续地得到改进，这种婚姻下的环境对于帮助培养孩子的社会感情是非常不利的。

也许有的人不能生活在一起是有许多理由的，也许在有些情况下，两个人分开过是更好的选择。但是应该由谁来决定是分还是合呢？我们能把决定权交给那些没有受到良好教养的人手中吗？这样的人都不知道婚姻是一种任务，他们只关心自己的个人生活，他们对于离婚的看法如同他们对婚姻的儿戏态度，"这么做对我有什么好处？"这样的人，很显然不应该拥有最终决定权。诸位可以看到常常有人离了结，结了离，周而复始地重复同一个错误。那么应该由谁来决定夫妻的分合问题呢？我们设想一下，或许当一桩婚姻出现问题的时候，还是应该由一位精神病学家来决定婚姻关系是否继续存在下去。但这是很难办到的事情。

我不知道在美国是不是这样，但是在欧洲我发现精神病学家普遍认为个人的幸福是最重要的事情。通常来说，如果有人向他们询问这类事情，他们会建议当事人去找一个情人，或者找一个自己喜欢的人，并且认为这就是解决问题的办法。我确信，不用多久他们就会改变自己的看法，而且不再给出这样的建议。因为他们不是非常熟悉整个问题的前因后果，他们才会出此下策。

如果一个人是真正地关爱着另一个人,

他就一定具备了属于这种关爱行为的全部特征:

他一定是个真诚的、善良的朋友,

他一定负有责任感,

他一定是个值得信赖的人,

对对方保持着忠诚。

《穿着蓝色工作服的克里姆特》 [奥]埃贡·席勒 1913

这个问题是与我们在这个世界上的其他生活任务紧密相关的，正是这样一个整体关联是我一直希望诸位予以思考的。

还有一种人，他们把婚姻看作是对个人问题的解决，这样的人也犯了类似的错误。在此我又不能讨论在美国的具体情况了，我还是说说欧洲。如果一个男孩或女孩患上了神经症，精神病学家通常会建议他们去找一个情人，或者开始体验性生活。他们对成人的建议也是大致如此。这种建议把爱情和婚姻变成了纯粹的专利药，这些人在服用了该药之后一定会受到巨大的损害。

正确地解决婚恋问题有助于一个人整体人格的最高实现，没有哪一个问题比它包含了更多的欢乐和更真实、更有益的生命表达。我们不能把它看成是可有可无的小事情，我们不能将婚恋问题看成是救治犯罪行为、酗酒行为或神经症的处方。神经症的患者在准备恋爱和结婚之前必须接受正确的治疗，假如病人还没有具备婚恋能力就匆忙上阵，那他一定会面临新的危害和不幸。如果背负上这样的额外的累赘，婚姻就变成了一个几乎是遥不可及的理想，要完成这样的任务将消耗我们太多的努力和创造性的劳动。

婚姻还有可能被其他一些不恰当的目的所利用。有些人结婚是为了经济目的，有些人结婚则是因为同情某人，还有人是因为想得到一个用人。婚姻当中是没有玩笑的容身之地的。我甚至还知道有这样的案例：已婚者拿婚姻当作失败的理由。一个在学业中或者在事业上面临着困难的年轻男子,他觉得自己很可能会失败,如果他失败了他就想给自己找一个借口。于是他给婚姻又附加了一个任务:失败时的不在场证明。

我可以非常确定地说,我们不应该轻视或贬低这样的问题,而应该把它放在一个更高的位置上。在我听说过的所有离婚案件中,蒙受委屈和损失的总是女性。毫无疑问,在我们的文化中男人已经占据了先声夺人的地位。这是我们共同犯下的一个错误,当然如果只有一个人反抗,是无法纠正这个错误的,尤其是在婚姻中,一个人的反抗会扰乱社会关系和配偶的利益。只有认清并改变我们整个的文化态度,才有可能解决这个问题。

我的一个学生,底特律的拉塞教授曾经做过一项调查研究,他发现42%的受访女孩希望自己是男孩,这个结果充分说明她们对自己的性别是很失望的。如果有一半的人类是失望的、没有信心的,对自己的地位缺乏认同感,并且抗议另一半的人比他们拥有更多的自由,在这样的前提下,爱情和婚姻的问题能得到轻易的解决吗?如果女人们天天期盼着减轻自己的负担,认为她们只是男人的性对象,或者相信男人与生俱来的本性就是向往着一夫多妻制,就是要对自己的爱人不忠,那么这个问题还能得到轻易的解决吗?

综合以上所说的一切,我们可以得出一个简单明了但是很有帮助的结论:人类本来是无所谓一夫多妻还是一夫一妻的。

真正的要害在于我们生活在这个星球上，我们与和自己平等的许许多多的其他人发生着联系，我们人类有男女两种性别，以及我们必须以一种恰当的方式解决好我们的环境给我们留下来的人生三大问题。这几大因素帮助我们认清了一个道理：个体要在爱情和婚姻方面得到最全面、最高级的发展，一夫一妻制是最好的保障。

《林间散步的夫妻》 ［德］奥古斯特·马克 1913

译后记

爱他人才是爱我们自己

1919年,一代心理学宗师卡尔·古斯塔夫·荣格因为与老师弗洛伊德的学术分歧而辞去了国际精神分析协会主席的职务,并退出了国际精神分析协会。这个消息对于弗洛伊德有如晴天霹雳,多年以来他与荣格相知相得、恩同父子,他曾经不无骄傲地自比摩西,把禀赋卓越、才气纵横的荣格比成约书亚,确信荣格就是未来精神分析事业当仁不让的接班人。如今发生这种变故,怎不令这位现代心理学的鼻祖肝肠寸断、万念俱灰?

与亲密战友的决裂,在弗洛伊德的一生中不止这一次。1911年,弗洛伊德最早的一位高足与追随者,即本书作者阿尔弗雷德·阿德勒离开精神分析的学术阵营,自立门户创建了个体心理学派。阿德勒叛出师门的举动对于弗洛伊德不啻于一场灭顶之灾,是他一生中所遭受的最沉重的打击。因为与荣格相比,阿德勒跟弗洛伊德的年龄更为接近,而且两个人都是在维也纳成长起来并接受教育的犹太人,甚至他们所就读的大学和专业都是一样的——维也纳大学医学系。更重要的是，原本受惠于弗洛伊德精神分析治疗学说的阿德勒完全否定了老师的性学理论和主张，个体心理学另辟蹊径，走的是面向社会共同体、努力争取合作共赢的路向。个体心理学从它的诞生之日起就与精神分析学说剑拔弩张、势不两立，现代心理学的这两个最主要的学术之间不共戴天的仇恨到了21世纪的今天都难以化解。

1870年阿德勒生于维也纳的近郊，父亲是一名谷物商人，母亲是家庭妇女。家中兄弟姐妹共七人，阿尔弗雷德·阿德勒排行第三，上面还有一个哥哥和一个姐姐。阿德勒自小体弱多病，佝偻症一度严重妨碍了他的身体运动，声带的轻度痉挛造成了他长期的自卑感，四岁的时候一场肺炎使他与死神擦肩而过，于是下定决心要成为一名医生。十八岁那年他如愿以偿地进入维也纳大学医学专业，七年后获得医学博士学位。实习期间阿德勒师从著名的内科医生赫尔曼·诺特纳格尔，诺特纳格尔有一句话差不多像口头禅一样经常挂在嘴边："如果您想成为一名好医生，您首先必须做一个仁人君子。"阿德勒自然是牢记在心。

实习结束，阿德勒很快获得了政府颁发的行医资格证，他在维也纳开了一家私人诊所，由于他不忘恩师诺特纳格尔的教导，对病人没有架子，意态平和，能用日常语言说清楚的问题，决不故作高深地卖弄学问或故意使用专业术语。碰到疑难杂症，他决不轻言放弃。为了治好病人，他常常越过医学领域，到精神病学、心理学，甚至到哲学以及其他诸多社会学科领域去求解。这样一来，他的诊所生意兴隆是理所当然之事。

阿德勒在心理学领域的探索使他很自然地开始关注精神病理学的权威弗洛伊德,弗氏的梦境学说尤其令他兴趣浓厚。凭着他丰富的医学实践经验和超凡的领悟能力,他很快就成长为一名出色的精神分析学者,同时获得了弗洛伊德的垂青。两位心理学界的巨匠惺惺相惜,开始了频繁的对话和密切的合作,1902年弗洛伊德盛情邀请阿德勒参加筹建极负盛名的"星期三心理学讨论会"(Psychologische Mittwoch‒Gesellschaft)。然而到了1910年,这种亲密的关系渐渐地蒙上了阴影,两人的学术分歧越来越大,不久之后彼此之间的矛盾就发展到不可调和的程度。到了第二年,出现了前文所交代的分道扬镳的一幕。

阿德勒与弗洛伊德的学说分歧,是一个非常敏感但又回避不了的话题,近百年来学者们讨论极多,我们从哲学的角度选择了三个最重要的区别综述如下:

首先,从方法论角度说,弗洛伊德的精神分析采取的是"因果论"思路,而阿德勒走的是"目的论"的路线。我们举一个例子,比如说有一个淘气任性的男孩,不停地搅扰课堂秩序。作为"因果论"主张者的弗洛伊德就会问:"这孩子扰乱课堂秩序的原因是什么?"他认为,这个原因深藏在孩子童年的经历里。通常一个人童年生活的绝大部分内容都是难以保存的,它们都被压缩到潜意识中去了,一个人的病态行为或超常规的过激行为都是被压抑得最厉害的部分在起作用。因此,只要能够找到这部分记忆的源头(比如通过催眠的手段),找到病症所在,那些怪异的行为就会自动消失。一句话,弗洛伊德是从患者的过去经历中寻找答案。

而这个孩子如果到阿德勒博士那里就诊,阿德勒提出的问题却是:"他这么乐此不疲地骚扰别人,他图的是什么?"很显然,阿德勒的目光朝向的是尚未发生,但是可以预见、而且是患者极其乐见的未来。在本书中,阿德勒开宗明义向读者指出:人类从来都是生活在一个有意义的场域之中,没有绝对客观的、不被主体所赋予意义的事物存在;因此,每个人都会形成各自不同的生活意义,他所有的行为都立足于这种生活意义向外延伸出去,并且在该意义的指导下从事各种活动,力求促使这一意义的实现。要想改变一个人的行为,就首先要认识到这个人的生活方式是什么,然后有的放矢地对他进行教育,让他认识到自己生活方式的错误所在,若非如此所有的其他措施都只能徒劳无功。

众所周知,性学是弗洛伊德精神分析说的根基,提出所谓的"俄狄浦斯情结"概念天下皆知。把一切精神活动全都归结于性本能这样一个抽象而现成的原因,阿德勒认为如此操作太过于独断而鲁莽,他在第六章《家庭的影响》中从独特的视角对"俄狄浦斯情结"作出了相当有说服力的批驳。在他看来,人的一切行为的动机固然在于这个人对于生活意义的理解,而其中争取优越感、胜过他人的心理动机起到了关键性的作用。在这个宏观的基础上,他对生理缺陷者、弱势群体之中蔓延极广的自卑感,拿出了令人信服的分析和阐释(参看第三章),而对于如何克服自卑感,他也拿出了足够积极的方案。前文已述,阿德勒出身于一个社会底层的犹太人之家,从小患有疾病,又有一个品学兼优的哥哥在他面前。他在书中拿自己举例，有力地驳斥了遗传决定论和环境决定论（第七章）。须知阿德勒的现身说法绝不是孤证，人类历史上多少伟大的天才和英雄都有这样那样严重影响他们事业的生理缺陷，如画家凡·高视力不佳，音乐家贝多芬双耳失聪，古希腊的演讲家德摩斯蒂尼幼时嗓音嘶哑，甚至还有口吃的毛病……读者在阅读诸如此类的论述时，将会不由自主地备受鼓舞、信心大增。

第二个方面在于对人的理解：是把人看作一个独立的、与他人和整体无关的个体，还是看作群体须臾不可分离的一分子。

众所周知，弗洛伊德学说的核心概念是无意识、性心理，尤其是一切精神活动都脱离不了性压抑和性冲动的综合作用。他的理论形式和治疗实践无论怎样错综复杂、变化多端，说到底都没有挣脱一个人有限的主体内心世界，丰富浩大的外部世界从来不是他所关注的对象。我们要注意西方思想发展史上一个非常明显的特征：从笛卡尔时代开始，欧洲的哲学思想就偏离到了突出个人主体的论调上来了，几百年以来这种主体独尊、个人优先之风愈演愈烈，对群体的强调简直就是旧时代的残余，是理应被唾弃和讨伐的对象。不用说，弗洛伊德秉承了这股时代之风，他的学说在短暂地遭到世人抵制之后，迅速地在欧美西方世界收获了大批的衷心拥护者。

但阿德勒偏偏要逆潮流而动，甘冒天下之大不韪，旗帜鲜明地把群体利益树立在个人利益之先。中国读者看到"个体心理学"这个说法会产生一种误解，仿佛这门学派也是主张个人优先，其实不然，在德语中，"个体"（individuum）这个词直接借用了拉丁文,它的字面意思是"不可分割",读者很容易想到希腊语单词"原子"(atom),它的意思也是"不可再分"。不过"原子"的意思是自身已经是最最基本的粒子单位,无法再作进一步的剖分;而在最权威的德语词典的字义解释中,明载着"个体"的意思是"无法将该个体所隶属的整体,以及他本人在整体之中的规定性分割开来"。因此这个词不是一个中性的概念,而是一个包含了价值意义的概念。特别是从这个词衍生出来的"个体主义"(Individualismus)更是主张:一个人面对自己所归属的群体,必须表现出应有的隐忍、高度尊重并严格遵守群体内部共同体认的规则和要求,自觉地尽好自己的义务和职分。当然在个人主义、主体主义极猖的20世纪,德语世界也有人悍然把这个概念歪曲成迎合时代潮流的原子化、碎片化的存在。

阿德勒从整体的角度来理解个人,在一个群体中个人与个人的关系,就好像一棵大树上树叶与树叶的关系,他们共同地吸取大树所提供的营养,也共同合力地接受灿烂的阳光和新鲜的空气提供给大树,大树成全了树叶,树叶也扶持了大树的生命。个体与群体也正是这样一种互相成全的关系,缺了谁另一方都不可能单独存在。在本书第十二章,作者旗帜鲜明地提出"对同伴的兴趣,标志着人类这个物种所取得的全部进步"、"合作是作为最终目标的人为努力"、"人和人之间不应当互相斗争、互相苛责、互相贬低"。阿德勒又进一步指出:人之所以得精神病,就是因为没有能力与他人结成团体,更根本地说,就是对共同体完全没有认识,对别人完全没有兴趣,他心心念念想的全都只是他自己。

抛开那些脑组织受到严重损伤的器质病人不论，我们在生活中可以发现，绝大多数有精神疾患的人确实存在阿德勒博士所说的这个问题：他们过度地自恋，病态地自尊，抗拒与他人的合作，亦不能很好地实现与他人的沟通。阿德勒又向学校和教育当局苦口婆心地呼吁：教育孩子尊重他人、学会合作应该成为教育任务的重中之重，当时的学校只是一味地片面强调对孩子竞争能力的无限度开发和魔鬼式训练，"这对于孩子来说不啻于一场灾难"（本书第七章）。

不能不承认，一百年前阿德勒的这个洞见对于当今的中国教育极富远见和指导意义，在有识之士中能得到强烈的回应。北京大学教育学教授渠敬东曾经发表过一番振聋发聩的讲话，与阿德勒所倡导的集体指向精神异曲同工，也值得我们每一个人深思：

"一个人真正的成功，在于他能够与世界和解，能够在前辈和后代之间扩展出连续的生命，而不是在每一次的竞争中'赢'得只剩下了孤家寡人，只剩下疲惫的身体和残破的心灵。"

第三，精神分析与个体心理学这两大学说的归宿完全不同。弗洛伊德的发现在全世界引起的石破天惊的震动，正如他在《梦的分析》的扉页上引用维吉尔的诗句："搅动了冥河之水。"依照精神分析之所见，人的所有活动以及本身的情致全都是被非理性的欲望和冲动所支配，这些欲望和冲动在人的体内任性地纵横驰骋，无法控制。有不少学者已经发现：弗洛伊德门下的精神分析学派并不是热衷于解开性心理的神秘面纱，将其公之于众，而是一意强调性的秘密完全不是人类可以洞悉，更是无以控制的。性欲的无限放纵当然是不体面的，而且它又是人无法洞悉，无法控制的，那么，人性必然阴暗丑恶且无法预测，不能避免就是应有之理。在他的晚期著作《自我与本我》里弗洛伊德把自我比作驭手，把无意识比作了一匹桀骜不驯的烈马，他说道："骑者不愿与马分开，他往往没有办法左右马的前进方向，同理自我也不得不把本我的意志付诸实施，好像本我的意志就是自我的意志一样。"人性之恶难以预测。后来的穆齐尔更是悲观地把欧洲的历史前途比作了"骑在公牛背上的欧洲"。

弗洛伊德的这个结论固然使人难以接受，但是就事实而言他没有说错。两次世界大战，西方列强"寡廉鲜耻、利己杀人"（严复语）的穷凶极恶的嘴脸一再刷新人们的想象极限。1933年5月，纳粹当局宣布焚毁弗洛伊德的所有著作，弗洛伊德知道这一消息之后还不忘记玩一把幽默说："你看我们人类历史的进步有多大！要是在中世纪，他们会把我烧死；在今天他们只烧掉了我的书就满足了。"弗洛伊德在1939年去世，他哪里知道仅仅几年之后，疯狂的纳粹党徒就在瓦格纳的音乐声中用焚尸炉理性地、高效率地杀死无辜的犹太人！

阿德勒在与弗洛伊德决裂后不久，关闭了诊所，专业从事精神病的治疗。1915年他应征入伍，加入奥匈帝国的陆军。这段时期他能够更好地发挥自己的专业知识，完善个体心理学理论。依照他的心理学理念，他提出"人们不应当只满足于对已有精神疾病的治愈，人们还要有效地防御精神病"。应该说，这个思想与中医里"不治已病治未病"的主张是殊途同归、不谋而合的，不愧为医学界的仁者和高手。战争结束之后，阿德勒热心于青少年问题的防范和解决，积极参与学校教育改革，帮助新诞生的共和国努力革除以往奥地利学校教育中的诸多弊政——熟悉德语文学史的朋友都知道，19—20世纪的奥地利学校教育体制采用的是普鲁士风格的军国主义模式，完全无视受教育者的个体差异和心灵的需要，野蛮摧残青少年的身心健康。著名的校园小说赫尔曼·黑塞的《在轮下》、罗伯特·穆齐尔的《学生托尔雷斯的困惑》、里尔克的《体操课》都是对这种惨无人道的教育模式的血泪控诉。

除了积极参加各种社会活动，阿德勒还不辞劳苦地在欧洲各地讲演，在他的多方努力和有效的治疗效果的影响下，个体心理学赢得的追随者越来越多。可惜1934年，狂热的纳粹党徒策动维也纳叛乱，阿德勒苦心设计和运行的学校改革方案，以及相关配套的计划全都付诸东流，他的咨询处也被当局勒令关闭，阿德勒不得已携家人移民美国。30年代移居美国之后，为了帮助更多的人，他以五十多岁的高龄苦学英语，夜以继日，不知疲劳地忘我工作。1937年的春天，他再次回到他难舍难离的欧洲故乡，作巡回演讲。5月28日他在苏格兰的阿伯丁演讲的路上突发心肌梗死，病逝在送他去医院的救护车上，终年六十七岁。

如果我们还是拿一棵树作比弗洛伊德、阿德勒这一对现代心理学的双子星，弗洛伊德就像挺进地底黑暗深处的树根，艰难地摸索，阿德勒就像高高地伸展向浩瀚天宇的树枝，给我们打开一幅幅布满阳光、和谐与温馨的画面。其实精神分析说与个体心理学并非水火不相容的宿敌，阿德勒从弗洛伊德那里有继承、有扬弃、有开拓，也有发展，弗洛伊德对他的启发和影响是终生的。我们把他们的学说结合起来探索人性和世界，将会起到珠联璧合、相得益彰的绝佳效果。

本书的原文标题是《什么样的人生对你有意义》(What Life should Mean to You)，上个世纪30年代就引进了我国，在80年代再次在汉语世界中大规模地译介，并引起广泛的轰动。这期间出现过很多译本，而且这些译本不约而同地都采用了《自卑与超越》的书名，这个改动并非没有道理：表面上看这是一本介绍个体心理学的专业书籍，但其实里面贯穿了作者阿尔弗雷德·阿德勒本人的心灵发育过程，他用最通俗不过的语言将他的人生哲学见解从容不迫地娓娓道来，这些哲学命题包括他对人类文明世界的总体理解和人的一生应当怎样度过、人类的不同个体互相之间应该怎样相处等等。

感谢作家榜经典文库的杜雯君先生、裴洪正先生、赵如冰女士，在上海工作的心理学专家、精神分析师宋静女士为本书所涉及的相关专业知识作了专门的指导和修订，在此一并致谢。

2019年11月30日

阿德勒生平年谱

1870 年 （出生）	2 月 7 日出生于维也纳的近郊鲁道夫斯海姆。父亲列奥波尔多·阿德勒（1835 — 1922），母亲宝丽娜（1845 — 1906），娘家姓贝尔。
1880 — 1888 年 （10 — 18 岁）	就读于海尔纳斯勒人文中学。
1888 — 1895 年 （18 — 25 岁）	就读于维也纳大学医学专业。 加入奥地利大学生社团。 服役于匈牙利陆军第一分部。 参与筹建大学生联合会"自由联盟"。
1895 年 （25 岁）	获得维也纳大学医学博士学位。

1896 年 （26 岁）	服役于匈牙利陆军第二分部，成为助理医生总代表。
1897 年 （27 岁）	参加在莫斯科举行的国际医生大会。 在莫斯科与赖莎·蒂默菲芙娜·爱泼斯坦成婚。
1898 年 （28 岁）	第一次独立发表医学论文《切割组织健康手册》。 长女瓦伦汀娜·蒂娜出生。 当选为大学生联合会"自由联盟"主席。
1899 年 （29 岁）	在维也纳开办医疗诊所。
1901 年 （31 岁）	次女亚历山德莉娅问世。
1902 年 （32 岁）	接受西格蒙德·弗洛伊德之邀参加他的"星期三圆桌会议"。

1903 年 (33 岁)	加入"医生团体"。
1904 年 (34 岁)	改宗新教。
1905 年 (35 岁)	儿子库尔特问世。
1906 年 (36 岁)	母亲宝丽娜去世。
1907 年 (37 岁)	《关于生理自卑感的研究》,第一版,柏林,维也纳。
1908 年 (38 岁)	参加在萨尔茨堡举行的第一届弗洛伊德精神分析大会。
1909 年 (39 岁)	三女儿科内莉亚问世。

1910 年 （40 岁）	参加在纽伦堡举行的第二届弗洛伊德心理学大会，共同筹建了国际精神分析协会。 与威廉·斯特克尔共同出版《精神分析中心报》。 获得了奥地利公民权。 当选为维也纳精神分析学会主席。
1911 年 （41 岁）	与弗洛伊德分道扬镳，退出维也纳精神分析学会。 在维也纳建立了自由精神分析学会。 参加在布鲁塞尔举行的国际心理学与心理治疗协会的第一届大会。
1912 年 （42 岁）	参加在苏黎世举行的国际心理学与心理治疗协会的第三届大会。 《关于神经质性格》，第一版，威斯巴登。 自由精神分析学会更名为"个体心理学协会"。
1913 年 （43 岁）	参加在维也纳举行的国际心理学与心理治疗协会的第四届大会。
1914 年 （44 岁）	第一期《个体心理学期刊》。 《治愈与教育》，第一版，慕尼黑。
1915 年 （45 岁）	教职论文被维也纳大学否决。
1916 年 （46 岁）	应征入伍。 服役期间在克拉考尔作学术报告。

1917 年 (47 岁)	在克拉考尔服役，继而转往格林琴战地医院。
1918 年 (48 岁)	在苏黎世作关于陀思妥耶夫斯基的学术报告。
1918 — 1919 年 (48 — 49 岁)	在维也纳成立了第一个教育咨询机构。
1919 年 (49 岁)	《另一面——关于民众罪责的群众心理学研究》，维也纳。
1920 年 (50 岁)	《个体心理学的实践与理论》，第一版，慕尼黑。
1920 — 1923 年 (50 — 53 岁)	成为"青少年之友"社团——维也纳舍恩布隆恩自由学校——的教师。
1922 年 (52 岁)	参加在慕尼黑举行的第一届国际个体心理学大会。

1923 年 （53 岁）	参加在英国牛津举行的心理学大会。 《国际个体心理学期刊》第一期出版。
1924 年 （54 岁）	获准作为教职人员在维也纳教育机构的夜校任教。 参加在萨尔茨堡举行的国际个体心理学协会大会；在纽伦堡作学术报告。
1925 年 （55 岁）	在日内瓦、巴黎、阿姆斯特丹、鹿特丹、海牙作学术报告。 参加在柏林举办的第二届国际个体心理学大会。
1926 年 （56 岁）	任美国哥伦比亚大学客座教授。 参加在杜塞尔多夫举办的第三届国际个体心理学大会。 在德累斯顿、凯姆尼茨和慕尼黑作学术报告。 参加在柏林举办的性心理学大会。 在法兰克福和伦敦作学术报告。 开始第一次美国之旅。
1927 年 （57 岁）	美国之旅（1—4月）。 参加在萨尔茨堡举办的个体心理学地方小组大会。 参加在维也纳举办的第四届国际个体心理学大会。 参加在瑞士洛迦诺举办的新教育社团大会。 《对人的认识》，第一版，莱比锡。
1928 年 （58 岁）	第二次美国之旅（1—5月）。 在慕尼黑、柏林作学术报告。 《个体心理学技巧第一卷：读懂生活故事和疾病故事的技术》，第一版，慕尼黑。

1929 年 (59 岁)	在柏林的"莱辛高等学校"作学术报告。 第三次美国之旅（1929 年 10 月 — 1930 年 4 月）。 《学校里的个体心理学》，第一版，莱比锡。 《神经症的问题——案例卷》，第一版，伦敦。 《生活的科学》，第一版，纽约。
1930 年 (60 岁)	在布拉格和布拉提斯拉法作学术报告。 参加在柏林举行的第五届国际个体心理学大会。 六十岁生日之际，获得"维也纳荣誉公民"的称号。 《个体心理学的技巧第二卷：教育困难的儿童心灵》，第一版，纽约。
1931 年 (61 岁)	在伦敦、柏林、马格德堡和纽伦堡作学术报告。 《自卑与超越》，第一版，伦敦。
1932 年 (62 岁)	在布列斯劳、萨格勒布、马里博、柏林、布尔诺、别里茨、卡托维茨、慕尼黑作学术报告。 前往纽约工作，移居五年。
1933 年 (63 岁)	在荷兰、芬兰和爱沙尼亚作学术报告。 《生命的意义》，第一版，维也纳，莱比锡。 《宗教与个体心理学》，第一版，维也纳，莱比锡。
1934 年 (64 岁)	自 5 月起先后在伦敦、剑桥、阿姆斯特丹、阿姆斯福特、海牙、布苏姆、多德莱西特、斯德哥尔摩、乌普萨拉、布达佩斯、布拉格、布尔诺、苏黎世、巴黎作学术报告；返回纽约。

1935 年 (65 岁)	放弃维也纳的住处，妻子和女儿亚历山德莉娅、儿子库尔特移民至纽约。 4 月起在伦敦、哥本哈根、斯德哥尔摩、瑞典的泰尔贝格、维也纳作学术报告。
1936 年 (66 岁)	获得纽约长岛学院的教职。 5 月起在伦敦、朴利茅斯、卡迪夫、艾克赛特、剑桥、牛津、利物浦、阿姆斯特丹作学术报告。
1937 年 (67 岁)	4 月起在巴黎、比利时、荷兰、英格兰作学术报告。 5 月 28 日病逝于阿伯丁。

译者简介 | 吴勇立

1970年生于江苏省靖江市，德语文学博士，现就职于复旦大学外文学院德文系。研究领域为德意志思想史和20世纪上半叶德语国家文学。发表学术论文多篇，多次主持或参加国家社科项目，翻译代表作有《希伯来与希腊思想比较》《瓦尔特·本雅明：救赎美学》《从柏林到耶路撒冷》。全新译作《自卑与超越》，成功入选作家榜经典文库。

作家榜经典名著

读经典名著，认准作家榜

　　作家榜是中国知名文化品牌，母公司大星文化总部位于中国上海市。自2006年创立至今，作家榜始终致力于"推广全球经典，促进全民阅读"，曾连续13年发布作家富豪榜系列榜单，源源不断将不同领域的写作者推向公众视野，引发海内外媒体对华语文学的空前关注。

　　旗下图书品牌"作家榜经典名著"，精选经典中的经典，由优秀诗人、作家、学者参与翻译，世界各地艺术家、插画师参与插图创作，策划发行了数百部有口皆碑、畅销全网的中外名著，成功助力无数中国家庭爱上阅读。如今，"集齐作家榜经典名著"已成为越来越多阅读爱好者的共同心愿。

　　作家榜除了让经典名著图书在新一代读者中流行起来，2023年还推出了备受青睐的"作家榜文创"系列产品，通过持续创新让经典名著IP融入人们的日常生活中。

名著就读作家榜
抖音扫码关注我

名著就读作家榜
京东官方旗舰店

名著就读作家榜
天猫官方旗舰店

名著就读作家榜
当当官方旗舰店

| 策　划 | 作家榜 |
| 出　品 | |

出 品 人	吴怀尧
产品经理	李　谨
美术编辑	董亚茹
封面设计	王　媛

| 版权所有 | 大星文化 |
| 官方电话 | 021-60839180 |

图书在版编目（CIP）数据

自卑与超越 /（奥）阿尔弗雷德·阿德勒著；吴勇立译. -- 杭州：浙江文艺出版社，2020.9（2025.7重印）
（作家榜经典名著）
ISBN 978-7-5339-6192-3

Ⅰ.①自… Ⅱ.①阿…②吴… Ⅲ.①个性心理学 Ⅳ.①B848

中国版本图书馆CIP数据核字(2020)第143796号

责任编辑：罗艺

自卑与超越

[奥]阿尔弗雷德·阿德勒 著　　吴勇立 译

全案策划
大星（上海）文化传媒有限公司

出版发行
浙江文艺出版社
杭州市环城北路177号　邮编 310003
浙江省新华书店集团有限公司 经销
浙江新华数码印务有限公司 印刷

2020年9月第1版　　2025年7月第5次印刷
889毫米×1194毫米　32开本　14印张
印数：46001—49000　字数：256千字
书号：ISBN 978-7-5339-6192-3
定价：59.90元

版权所有　侵权必究
（如有印装质量问题影响阅读，请联系021-60839180调换）